EDITORIAL

Liebe Leserinnen und Leser,

Galgen- oder Göttervögel, gehasst oder geliebt. So lässt sich das Verhältnis der meisten Menschen zu einer Vogelgruppe bezeichnen, der DER FALKE das vor Ihnen liegende Sonderheft gewidmet hat. Rabenvögel sind Singvögel, sie sind intelligent und faszinierend. Dass sie oft farbenprächtig sind und damit auch als schön bezeichnet werden können, zeigt der Beitrag über die weltweite Rabenvogelverwandtschaft von Thomas Brandt.

Das sind natürlich stichhaltige Gründe für ein Sonderheft über die bei uns meist schwarzen Gesellen. Elf Autorinnen und Autoren haben es sich zur Aufgabe gemacht, Ihnen Rabenvögel ganz allgemein oder einzelne Arten näherzubringen. Unter anderem beschreibt Hans-Heiner Bergmann den Duft der Rabenvögel. Wenn Sie möchten, können Sie das natürlich nachprüfen, allerdings müssen Sie wahrscheinlich etwas warten, denn die Mauserzeit ist erstmal vorbei und es ist nicht jedermanns Sache, seine Nase an Kadaverreste zu halten. Um Rabenvögel und Aas geht es in dem Artikel von Dieter Haas. Auch zwei ungleiche Paare beschäftigen uns in diesem Heft: Zum einen stellt Eike Lena Neuschulz das Verhältnis von Tannenhäher und Zirbelkiefer vor und Sie können eintauchen in ein Projekt zum Zusammenleben von Wölfen und Kolkraben im Nationalpark Yellowstone. Taxonomie und Systematik beschreibt Michael Wink und Sie können nachlesen, warum Rabenvögel Singvögel sind. Einen Neubürger in der Vogelwelt Europas, die Glanzkrähe, stellt schließlich Michael Braun vor.

Im Bereich Konflikte berichtet Mathias Putze über ein bayerisches Modellprojekt zur Saatkrähe, die zunimmt und wo schon Rufe nach einer Reduzierung aufkommen. Eventuell werden Sie das Thema Nestprädation vermissen. Es ist immer noch ein großes Thema in der breiten Bevölkerung. In Bayern musste sich im Frühjahr sogar der Landtag mit dieser Frage beschäftigen, denn man wollte den Eichelhäher von der Abschussliste bekommen. Er sei schließlich ein begnadeter Förster, so die antragstellende Partei. Das wurde zwar bestätigt, aber um weiterhin den Schutz der Singvögel zu garantieren, bleibt es nach Meinung des Parlamentes bei der notwendigen Bejagung. Und so werden wohl weiterhin Tausende von Eichelhähern in der achtmonatigen Schusszeit in Bayern ihr Leben lassen müssen.

Tauchen Sie also ein in die Welt der verkannten Göttervögel.

Mit herzlichen Grüßen

Ihr

Hans-Joachim Fünfstück
FALKE-Fachredakteur

AF850625

INHALT

Wolfgang Fiedler:
Rabenvogel-Verwandtschaft: Das sollen Singvögel sein? 4

Hans-Joachim Fünfstück:
Rabenvögel in Mythen und Volksglauben 7

Michael Wink:
Taxonomie und Systematik der Rabenvögel 12

Martin Päckert:
Neues aus der Hybridzone von Rabenkrähe und Nebelkrähe:
Zwei Krähen, viele Möglichkeiten 18

Michael Braun:
Nicht heimische Art – Freund oder Feind?
Die Glanzkrähe in Europa 21

Thomas Brandt:
Weit verbreitet und vielfältiger als man denkt:
Rabenvögel weltweit 24

32 Kolkraben und Wölfe

43 Saatkrähe

Matthias-Claudio Loretto:

Eine besondere Beziehung? Kolkraben und Wölfe 32

Dieter Haas:

Rabenvögel und Aasökologie 38

Mathias Putze:

Bestandszunahme und landwirtschaftliche Schäden: Das Modellprojekt Saatkrähe in Bayern 43

Daria Nagel:

Beziehungsratgeber Corviden: Einblicke ins Leben der sozial-kompetenten schwarzen Vögel 48

Hans-Heiner Bergmann:

Verständigung oder Abwehr? Der Duft der Rabenvögel 54

Eike Lena Neuschulz:

Das unzertrennliche Paar: Tannenhäher und Zirbelkiefer 60

Veröffentlichungen, Impressum 64

FALKE-Artikel sind einzeln als PDF-Download auf www.falke-journal.de erhältlich – jetzt auch zahlbar mit PayPal

Titelbild

Kolkrabe *C. c. tingitanus* (Foto: Mathias Schäf)

DER FALKE Journal für Vogelbeobachter 71. Jahrgang, Sonderheft 2024 · ISSN 0323-357X4

Besuchen Sie uns auch auf Facebook:
facebook.com/falkejournal

Alpenkrähen können von Pfiffen über Zwitschern bis Quäken eine breite Palette an Lauten äußern.
Foto: H.-J. Fünfstück. Mongolei, 1.8.2023.

RABENVOGEL-VERWANDTSCHAFT:

Das sollen Singvögel sein?

Immer wieder erlebt man bei Gesprächen über Rabenvögel das Erstaunen, dass diese Gruppe zu den Singvögeln gehört. Bisweilen wird es als geradezu ungeheuerlich empfunden, dass die schwarzen Krächzer sich in die erlauchte Gruppe der unbescholtenen, knopfäugigen Meisen, Finken, Rotkehlchen und sogar der Nachtigall geschmuggelt haben. Der eine oder andere hat hier auch schon einen hinterhältigen Trick der Vogelschützer vermutet, um die Rabenvögel in den Genuss des Schutzes kommen zu lassen, der unsere Singvögel seit 1979 vor direkter Verfolgung schützt. Abgesehen davon, dass, wie wir gleich sehen werden, eine einfache Erklärung für diese verwandtschaftliche Einordnung existiert, sind Rabenvögel aber durchaus als stimmgewaltig zu bezeichnen. Kolkraben können nicht nur die menschliche Stimme nachahmen, sondern auch über 80 verschiedene Ruftypen äußern, wie Ueli Pfister an der Universität Bern zeigen konnte. Nur singen sie nicht nach menschlichen Vorstellungen – aber darauf kommt es im Rabenvogelleben eben auch nicht an.

Text von
Wolfgang Fiedler

In der biologischen Systematik versuchen wir, in die Vielfalt der Lebensformen eine Ordnung zu bringen, die uns dabei hilft, den Überblick zu bewahren. Dazu werden Verwandtschaftsbeziehungen ermittelt und hierarchische Systeme aus verschiedenen Gliederungsebenen wie etwa Ordnungen, Familien, Gattungen und Arten anhand gemeinsamer Merkmale zusammengestellt. Während man früher den morphologischen Merkmalen die größte Bedeutung beigemessen hat, spielen inzwischen auch genetische Merkmale mehr und mehr eine Rolle. Selbst die Vogelbeobachter, die sich für derlei Dinge wenig interessieren, bemerken an der Tatsache, dass bei neuen Bestimmungsbüchern ganze Vogelgruppen nicht mehr an der gewohnten Stelle auftauchen, dass die Erforschung der systematischen Stellung vieler Vogelgruppen noch immer nicht abgeschlossen ist. Vor nicht allzu langer Zeit hat man die Rabenvögel beispielsweise ganz hinten im Bestimmungsbuch gefunden. Sie waren nicht nur Vertreter der „fortschrittlichen“ Ordnung der Sperlingsvögel und der Unterordnung der Singvögel, sondern innerhalb der Singvögel dann oft noch aufgrund von Gehirngröße und kognitiven Fähigkeiten als besonders weit entwickelte Gruppe angesehen.

Vielfältige Lautäußerungen dienen unter anderem auch zur Verständigung mit dem Brutpartner, wie hier bei diesen Nebelkrähen. Foto: H.-J. Fünfstück. Türkei, 16.6.2012.

Inzwischen ist klar, dass sich anhand der Hirngröße keine konsistente Systematik betreiben lässt. Auch nicht anhand der kognitiven Fähigkeiten des Gehirns. Hier gab es im Laufe der Stammesgeschichte keine einheitliche Entwicklung von klein zu groß, sondern es haben sich vielfältige Varianten herausgebildet, die sich unter den jeweiligen Umweltanforderungen als optimal herausgestellt haben. Dafür haben andere, auch genetische Merkmale inzwischen ergeben, dass Rabenvögel eine eher ursprüngliche Familie der Singvögel sind, wohl nahe verwandt mit den Würgern. Daher finden wir sie jetzt meistens ganz vorne im Singvogelteil der Bestimmungsbücher, direkt nach den Würgern.

Die Kommunikation mit Artgenossen findet bei Rabenvögeln wie diesen Erzraben *Corvus crassirostris* in erster Linie über Körpergesten und die Stimme statt. Foto: H.-J. Fünfstück. Äthiopien, 22.2.2009.

Auf die Muskeln kommt es an

Aber warum überhaupt Singvögel? Ein gut greifbareres, morphologisches Merkmal zur Prüfung auf Verwandtschaft ist die Beschaffenheit von Gelenken oder die Anzahl von Muskeln in bestimmten funktionellen Einheiten. Auch die Zahl der Muskeln, die am Stimmapparat bei Vögeln ansetzen, variiert zwischen Vogelgruppen und ist daher ein interessantes Merkmal für die Systematik. Hier haben viele Vogelarten nur zwei Muskelpaare, bei den mit den Sperlingsvögeln nahe verwandten Papageien sind es immerhin drei Muskelpaare und bei den Singvögeln sind es mindestens vier, oft sieben und teilweise sogar bis zu neun Muskelpaare. Rabenvögel haben mehr als drei Paar Muskeln (bei der Rabenkrähe beschrieben 1968 Chamberlain und Kollegen sechs Muskelpaare), die am Stimmapparat ansetzen, und damit werden sie der Gruppe der Singvögel zugeordnet. Andere Singvogelmerkmale wie die Stellung der Zehen, die weitgehend gerade und spitz zulaufende Form des Schnabels und der Sperrrachen der Jungvögel sind bei den Rabenvögeln auch zu finden – selbst wenn diese Merkmale umgekehrt nicht ganz exklusiv für die Singvögel sind. Die Muskelzahl am Stimmapparat dagegen schon.

Klangerzeugung mit der Syrinx

Was hat es nun mit diesem Stimmapparat, der Syrinx, und den dortigen Muskeln auf sich? Anders als Säugetiere einschließlich des Menschen haben Vögel keine Stimmbänder. Die Stimme der Vögel entsteht tiefer im Hals, dort wo sich die Luftröhre in die beiden Bronchien aufteilt, die jeweils in den linken und den rechten Lungenteil führen. Hier können bestimmte Teile der Röhrenwand (die insgesamt vier Syrinxmembranen) durch den Luftstrom in Schwingungen versetzt werden und dort ansetzende Muskeln können diese Schwingungen und damit den Klang modellieren. Je mehr Muskeln hier ansetzen, desto vielfältiger sind die Klangmöglichkeiten. Da die Syrinxmembranen direkt am Ansatzpunkt der beiden Bronchien liegen, gibt es ein linkes und ein rechtes Membranpaar. Eine ganze Reihe von Vogelarten kann die ansetzenden Muskeln dieser beiden Seiten getrennt ansteuern und damit zweistimmig singen. Dass diese Wandteile überhaupt schwingen können, stellt schließlich ein Luftsack sicher, der das ganze Gebilde umschließt. Die Syrinx des Vogels ist also etwas ganz anderes als der Kehlkopf des Menschen. Umso erstaunlicher ist es, wie gut manche zahmen Rabenvögel – und natürlich Papageien – damit menschliche Laute nachahmen können.

Übrigens sind die Rabenvögel nicht die einzigen Singvögel, bei denen zumindest aus menschlicher Perspektive die Möglichkeiten von vier und mehr Muskelpaaren am Stimmapparat noch Luft nach oben haben: Denken wir hier nur an Rohrschwirl, Zistensänger oder Zilpzalp. Wie diese haben auch die Rabenvögel einen Gesang, wie ihn Hans-Heiner Bergmann, Hans-Wolfgang Helb und Sabine Baumann definieren: „Meist aus vielen Untereinheiten zusammengesetzte, strophige oder kontinuierliche vokale Lautäußerung mit unterschiedlichen Funktionen (zum Beispiel Reviermarkierung, Werbung, Synchronisation zwischen Partnern). [...]". Bei den Rabenvögeln besteht dieser Gesang aus einem leisen Geschwätz aus vielfältigen Lautformen, einschließlich Schnabelklappern, Schnalzen, Gurgeln und ähnlichen Lauten – und er erfüllt seine Funktion, insbesondere bei der Partnerwerbung.

Ein Paar Schildraben *Corvus albus*. Foto: H.-J. Fünfstück. Namibia, 24.10.2015.

Die große Verwandtschaft der Singvögel

Damit reicht die große Verwandtschaft der Singvögel (manchmal auch als Passeri oder Oscines bezeichnet) vom Goldhähnchen bis zum Kolkraben. Die Gruppe wird heute meist als Unterordnung in der Ordnung der Sperlingsvögel (Passeriformes) angesehen. In dieser Ordnung finden wir außer den Singvögeln auch noch die wesentlich kleineren Unterordnungen der Stummelschwänze (Acanthisitti, New Zealand Wrens) und der Schreivögel (Tyranni). Und um den Zeitgenossen, denen es immer noch nicht schmeckt, dass die Rabenvögel zur erlauchten Singvogelverwandtschaft gehören, noch eins mitzugeben: Eng verwandt mit den Rabenvögeln sind nicht nur die Würger, sondern auch – die Paradiesvögel. ✣

Alpendohlen kommen mit ihren vielseitigen sanften und melodiösen Rufen den menschlichen Erwartungen an Gesang schon recht nahe. Foto: H.-J. Fünfstück. Karwendel, 23.4.2011.

Literatur zum Thema

Bergmann H H, Helb H W, Baumann S 2008: Die Stimmen der Vögel Europas. Aula, Wiebelsheim.

Chamberlain D R, Gross W B, Cornwell G W, Mosby H S 1968: Syringeal Aantomy of the Common Crow. The Auk 85: 244-252

Dr. Wolfgang Fiedler ist Wissenschaftler am Max-Planck-Institut für Verhaltensbiologie, wo er seit 2000 die Zentrale für Tiermarkierung leitet. Seit 2022 ist er Chefredakteur von DER FALKE.

Der Kolkrabe hat seit Jahrhunderten einen festen Platz in den Mythen der Völker. Er legt auch außerhalb der Brutzeit Nahrungsdepots an. Wank, 5.11.2008.

Rabenvögel in Mythen und Volksglauben

Fast alljährlich erreichen uns durch die Medien Nachrichten von Kolkraben, die Lämmer fressen oder gar Kälber töten. Aber auch Tausende Gänse sollen 2023 Opfer von den räuberischen Raben geworden sein: „Der Kolkrabe geht von hinten an die Gans ran, pickt sie langsam auf.“ Danach lebten die Gänse noch eine Weile weiter, ehe sie kläglich verendten. So berichtet es die Gänsehalterin. Und so hält sich die Mär des bösen Raben bis ins 21. Jahrhundert. Dabei haben umfangreiche Untersuchungen und Befragungen von betroffenen Landwirten keinerlei wissenschaftliche Beweise für das Töten von Weidetieren erbracht. Aber als Konkurrenten von Viehaltern und Jägern wurden Rabenvögel, vor allem Kolkraben, im 19. Jahrhundert vehement mit Fallen, Gift, Pulver und Blei verfolgt, was fast zur Ausrottung des größten Singvogels in Deutschland führte.

Text und Fotos von
Hans-Joachim Fünfstück

Rabenvögel waren schon immer Begleiter von großen Beutegreifern wie Wölfen, um sich an den Rissen zu bedienen. Vielleicht begleiteten sie auch schon die Menschen, als diese noch als Jäger und Sammler unterwegs waren und änderten ihr Verhalten auch nicht, als die Menschen sesshaft wurden. Noch heute sind Rabenvögel in der Nähe des Menschen anzutreffen, denn hier gibt es immer etwas Fressbares zu finden. Es lohnt sich, dafür auch größere Strecken zurückzulegen oder einfach mal ins Tal zu fliegen. Als neue Nahrungsquelle haben sie inzwischen auch Kompostieranlagen entdeckt.

Bei verschiedenen Völkern spielen Rabenvögel, allen voran Kolkrabe und Rabenkrähe, eine große Rolle in Sagen, Märchen, Mythen oder Bauernregeln. Wahrscheinlich aufgrund seiner Lernfähigkeit und seiner Intelligenz ist es vor allem der Kolkrabe, mit dem sich Negatives wie Positives verbindet. Da das Verhältnis des Menschen zum Kolkraben aber stets zwiespältig war, ist auch der Kolkrabe gut und böse zugleich.

Als Berater oder Helfer des Menschen wurde der Kolkrabe bereits vor Tausenden von Jahren bei vielen Kulturen gewürdigt. Aus der nordischen Mythologie ist Odin, auch als Rabengott bekannt, ein Begriff. Er hatte als ständige Begleiter zwei Raben namens Hugin (Gedanke) und Munin (Erinnerung). Bei Tagesbeginn flogen sie von seiner Schulter, umkreisten die ganze Welt, kehrten zur Frühstückszeit zurück und berichteten ihm von den Geschehnissen auf der Welt. Bei diesen Flügen sorgte sich nach dem Lied Grímnismál, einem Götterlied aus Island, Odin um seine Raben, allerdings mehr um Munin, das Gedächtnis.

Raben in Schöpfungsmythen

Als wichtige Figur tritt der Rabe in den Schöpfungsmythen verschiedener Völker des Nordens auf. Der Rabe Tulukauguk erschuf bei den Inuit einen Stranderbsenstrauch, aus dessen Schote der erste Mensch herausschlüpfte. In den Religionen der indigenen Bevölkerung der Nordwestküste Amerikas, den Haida und Tlingit, hatten nicht nur Adler, Wolf, Bär, Wal oder Lachs ihre eigene Mythologie. Auch dem Raben galten als Bringer des Lichts und als Schöpfer des Menschen aufwendige Rituale und auf vielen der großen Totempfähle ist ein Rabe zu erkennen. In altgriechischen Fabeln, wie in der von Äsop geschriebenen „Der Fuchs und der Rabe", wird der Rabe durch seinen Hochmut oder seine Eitelkeit von einem Fuchs überlistet. Selbst im christlichen Glauben ist der Rabe kein Unbekannter. Im Alten Testament wird der Prophet Elija während seines Aufenthaltes im Wildbachtal des Kerit durch Raben ernährt.

Die Raben im Tower von London

Berühmt sind auch die meist sechs Kolkraben, die im Tower von London gehalten und von einem angestellten Rabenmeister gepflegt werden. Um sie ranken sich viele Legenden, etwa dass Karl II (1630–1685) die Tötung der Tiere anordnete, als sein Astronom ihren Kot auf seinem Teleskop entdeckte. Als ihm dann allerdings die Legende erzählt wurde, die besagt, dass der Hauptturm des Tower einstürzen und die Monarchie sowie das gesamte Königreich zugrunde gehen würden, falls die Raben jemals den Tower verließen, ließ er sich davon abbringen. Erste schriftliche Belege für die Tower-Raben finden sich tatsächlich allerdings erst gegen Ende des 19. Jahrhunderts. Vermutungen, warum Raben im Tower gehalten wurden, gibt es

Auch in der arabischen Welt war die Fabel vom Fuchs und dem Raben verbreitet. Quelle: Wikipedia.

einige. Es könnten die Haustiere einiger Bewohner gewesen sein, eventuell war es gar die aufkommende Tourismusentwicklung. Die Raben wurden aber in einem Gefängnis, das für Folter und Hinrichtung bekannt ist, schnell zu den düsteren Charaktervögeln. Heute sind die Tower-Raben eine Touristenattraktion.

Meist ist es jedoch eher Negatives, für das der Kolkrabe herhalten musste und auch heute noch muss. Da auch eben flügge Jungraben, wenn sie das Nest verlassen haben, noch ungeschickt und ständig bettelnd beobachtet wurden, wurden wahrscheinlich die Eltern als unfähig betrachtet. Vermutlich entstand so der gängige Begriff „Rabeneltern". In den „Büchern der Verwandlungen" des römischen Dichters Publius Ovidius wurde der ehemals weiße Rabe, der Vogel des griechischen Gottes Apollo, nachdem er eine schlechte Nachricht überbrachte, mit dem fortan schwarzen Gefieder bestraft. Vermutlich ist auch die zugedachte Rolle eines Unglücksboten hierauf zurückzuführen. Kolkraben wurden aber auch bei William Shakespeare als Unglücksboten oder „fatal raven" bezeichnet.

Die beiden Kolkraben Hugin und Munin berichten Odin von ihren Beobachtungen. Darstellung aus dem 18. Jahrhundert. Quelle: Wikipedia.

Von Hans Huckebein bis Nimmermehr

1867 erschien in vier Folgen in der Zeitschrift „Über Land und Meer" in Reimform die Bildergeschichte vom Raben Hans Huckebein. Der Autor ist Wilhelm Busch, der gerne düstere Bildgeschichten mit schwarzem Humor zeichnete. Der Inhalt ist schnell erzählt. Mit List und Tücke fängt der Knabe Fritz im Wald einen jungen Raben und bringt ihn nach Hause zu seiner Tante.

Bei ihr entwickelt sich der Rabe aber nicht zu einem niedlichen Tierchen, sondern zur Plage im Haus. Er beißt sie heftig und bringt den Haushalt durcheinander. Als er dem Hund einen Knochen stiehlt, entsteht ein heftiger Streit zwischen den Tieren. Da der Rabe gewitzt ist, trickst er Hund sowie Kater aus und siegt. Anschließend macht er sich über das frisch gekochte Heidelbeerkompott her und als die entsetzte Tante versucht, ihn einzufangen, läuft er mit blauroten Füßen über die Bügelwäsche. Die erboste Tante jagt den frechen Raben, was im Chaos endet. Als er in seinem Versteck entdeckt wird, beißt er die Tante und entdeckt dann ein Glas Likör, das er genüsslich leert. Er torkelt betrunken herum, verheddert sich im Strickzeug und stranguliert sich selbst beim Sturz vom Tisch. Ein Unglücksrabe oder Pechvogel wie er im Buch steht – oder doch ein Beispiel von vielen, wie man Rabenvögel damals und teilweise auch heute noch betrachtet. Auch in den Comics von Walt Disney findet sich ein Rabe, denn die Feindin von Dagobert Duck, die Hexe Gundel Gaukeley, hat üblicherweise einen Raben namens Rurak oder, in der deutschsprachigen Ausgabe, Nimmermehr – eine Entlehnung aus dem Roman „Der Rabe" von Edgar Allan Poe. In den Comics ist der Rabe Helfer, aber auch Gedächtnisstütze der Hexe.

Galgenvögel und Rabenaas

So manche Redewendung und mancher stehende Begriff geht auf den Kolkraben als auffälligen Aasfresser in Mitteleuropa zurück. Der Begriff „Galgenvogel" betrifft wahrscheinlich eher die Rabenkrähe und nicht den Kolkraben. Galgenvögel suchten als Aasfresser die Nähe von den Richtplätzen im Mittelalter auf. Vermutlich waren dies aber eher nicht die scheuen Kolkraben, sondern die Rabenkrähen, die aufgrund ihrer Nähe zum Menschen eher alle Möglichkeiten nutzten, die ihnen menschliche Aktivitäten boten. Da der Verzehr Hingerichteter verständlicherweise Ekel und Abscheu hervorrief, wurde dieser Begriff bald für umherziehende und heruntergekommene Menschen angewandt. Auch das bekannte Schimpfwort „Rabenaas" geht darauf zurück. Selbst in alten Kinderliedern wie „Hoppe Reiter" kommt der Rabe nicht gut weg. Bereits in der zweiten Liedzeile wird der gestürzte Reiter vom Raben gefressen. Nach dem wissenschaftlichen Namen des Kolkraben *Corvus corax* hat sich eine deutsche Musikgruppe benannt, die Musik des Mittelalters spielt. Auf seine Intelligenz und opportunistische Schläue spielt das alte Sprichwort „Er stiehlt wie ein Rabe" an.

Wie diebisch ist die Elster?

Als diebisch wurde bereits im Mittelalter neben Krähen und Dohlen auch die Elster bezeichnet. Auf einer Darstellung von der Kreuzigung Christi sitzt auf dem Kreuzbalken eines der Schächer eine Elster. Im Mittelalter entstand ein Märchen, in dem die zahme Elster eines armen Mannes einen Reichen bestiehlt und zum Tod durch Erhängen verurteilt wird. Sie stirbt den „falschen Tod", da die Wut des Bestohlenen an ihr ausgelassen wird. In einer französischen Version wird ein armes Mädchen wegen einer diebischen Elster gehängt. In verschiedensten Geschichten wird der Elster sogar das Anlegen von Diebesgutlagern nachgesagt. Dieses Gerücht hielt sich so hartnäckig, dass die Universität von Exeter neben Futter auch gefärbte und glänzende Metallteile auslegte, um es zu widerlegen. Glänzende Dinge wurden bei 64 Tests nur zweimal aufgenommen. Insgesamt lösten die glänzenden Teile eher Misstrauen aus und wurden aus der Ferne betrachtet und gemieden. Auch dank eines Fotos von Alexander Niestle ist dieser Irrglaube bis heute vor allem bei der älteren Bevölkerung hängen geblieben. Das Bild zeigt ein Elsternest, in dem neben einem Gelege auch mehrere Sonnenbrillen mit glitzernden Metallrahmen lagen. Sie waren allerdings penibel geputzt für das Foto ins Nest gelegt wurden. Dieser Fotograf hat es mit der Wahrheit wohl generell nicht so genau genommen: Auf ihn geht auch das Foto eines großen, über vier Kilogramm schweren Karpfens zurück, der mit einem angeblichen Fischadlerskelett im Rücken gesund gefangen wurde. Erst viel später wurde das Skelett vom britischen Zoologen G.S. Cowles als Skelett eines Mäusebussards identifiziert, außerdem wurde festgestellt, dass ein Fuß dem Karpfen nach seinem Tod in den Rücken gesteckt wurde. Der Vorfall war der Redaktion der britischen ornithologischen Fachzeitschrift so peinlich, dass er verschwiegen und die Story in einigen später erschienenen Publikationen ohne die Korrektur veröffentlicht wurde.

Wie bei Odin ist die Elster als Botin der Todesgöttin Hel in der nordischen Mythologie bekannt. Der Volksglaube assoziierte mit der Elster Not, Leid und weiteres Unheil. Zur Zeit der Hexenverfolgung galt sie wie Krähen, Raben und schwarze Katzen als Hexentier oder selbst als Hexe. Auch als Seelenräuberin wurde sie in Verbindung

Als diebische Elster ist der langschwänzige Rabenvogel seit dem Mittelalter bekannt.
Garmisch-Partenkirchen, 15.10.2021.

mit dem Satan genannt. In der griechischen Mythologie werden Elstern in Verbindung mit Dionysos gebracht und als sich die neun Töchter des Pieros auf einen musikalischen Wettstreit gegen die Musen einließen und verloren, wurden sie in Elstern verwandelt.

In Westeuropa und auf den Britischen Inseln ist die Elster ein Unglücksbote. In Irland ist eine ans Fenster klopfende Elster eine Todeswarnung und im Nordosten Schottlands brachte das Töten einer Elster Unglück. Dasselbe dachte man auch in Frankreich und Deutschland; selbst in etlichen Teilen Indiens wurden aus diesem Grund keine Elstern getötet. Das Sehen einer Elster gilt dagegen in einigen schottischen Dörfern als Glückszeichen, in anderen aber auch als Unglückszeichen. Kreuzt bei uns eine schwarze Katze den Weg von links nach rechts gilt das als schlechtes Omen. Geht sie jedoch in die andere Richtung bedeutet das Glück. Dieser Aberglaube trifft in Nordengland genauso auf die Elster zu und ist auf die römischen Auguren zurückzuführen. Nach der Christianisierung Schottlands verdächtigte man die Elster, immer einen Tropfen Satansblut unter der Zunge zu tragen.

Elstern als Wächter und Glücksboten

Elstern wurden in Deutschland auch immer wieder als Wächter betrachtet, denn angeblich warnen sie ihre Nachbarn vor Füchsen, Wölfen und bewaffneten Angreifern. Im westfranzösischen Poitou wurden ihr zu Ehren deshalb kleine Gebinde von Lorbeer- und Heidekrautzweigen in Büsche gesteckt.

In Japan und China hat die Elster ein rein positives Image. Als Glücksbotin kündigt sie ein freudiges Ereignis an, meist einen Besuch oder eine Geburt. Auch in Korea wird sie als Glücksbringer verehrt und in vielen Erzählungen steht sie für die Wehrlosen, Armen und Schwachen.

Bei den amerikanischen Prärieindianern ist die Elster ein Geistwesen, das mit den Menschen befreundet ist. In einer Geschichte der Lakota gewinnt die Elster als Verbündeter des Menschen ein Rennen gegen einen Büffel. Deshalb ist es den Menschen gestattet, Büffel zu jagen. Bei den Blackfeet ermöglicht sie einer Frau, sich aus dem Ehegelübde mit einem Büffel zu befreien, ihren Vater ins Leben zurückzuholen und über den Büffeltanz die Harmonie wiederherzustellen. Selbst bei den Stämmen des südwestlichen Nordamerikas, den Hopi und Pueblo-Indianern, wird die Elster als Totemtier verehrt.

Kolonien von Saatkrähen waren in England Namensgeber für schmutzige Stadtviertel. Estland, 12.4.2008.

Selbst die kleine Dohle wude im Mittelalter zum Krähengesindel gerechnet. Kronach, 28.3.2012.

Rabe oder Krähe?

Rabenkrähe und Kolkrabe wurden in vielen Legenden und Mythen nicht immer eindeutig unterschieden. Deshalb treffen viele Geschichten auf beide Arten zu. Europäer sind aber gegenüber Menschen im Orient, was den Aberglauben betrifft, regelrechte Dilettanten geblieben. Allein in Indien gibt es achtzehn verschiedenen Deutungen für den unterschiedlichen Gang oder die unterschiedlichen Rufe von Krähen. Dabei halten sich die positiven und negativen Deutungen die Waage. Ebenfalls in Indien wurde von König Mares eine Krähe als Brieftaube gehalten. Als sie starb, ließ er ihr ein Denkmal bauen.

Sprichwörter gibt es zu Rabenvögeln auch in unserem täglichen Gebrauch einige. So geht das Sprichwort „Alte Krähen sind schwer zu fangen" auf die Intelligenz und Erfahrung von Krähen zurück. Auch das Sprichwort „Wer alt ist wie ein Rabe" hängt damit zusammen, denn in Gefangenschaft können Raben bis zu siebzig Jahre alt werden und wie alte Raben hat auch der Mensch viel Erfahrung im langen Leben gesammelt.

Auf Saatkrähen sind vermutlich verschiedene Redewendungen zurückzuführen, die den Winter betreffen. So heißt es: „Eine Krähe macht noch keinen kalten Winter" und in den Niederlanden: „Ein kraay maakt de winter niet". Da Saatkrähen (englisch „rook") meist in großen Kolonien („rookeries") nisten, benennt man in England Stadtviertel, die verrufen und schmutzig sind, mit dem gleichen Wort „rookery". Und da Saatkrähen, wenn sie auf einem Acker einfallen, in kürzester Zeit die Saat fressen, sagt der Franzose über Mitmen-

Der Tannenhäher hat es nur selten in Mythen und Märchen geschafft. Krün, 4.7.2012.

schen mit großem Appetit, dass sie wie eine Saatkrähe fräßen.

Auch die Dohle wurde früher, als man die Arten nicht genau unterschied und auch nicht unterscheiden wollte, zum „Krähengesindel". Auch sie galten als Boten für Unheil, Hunger und Elend. Es wird erzählt, dass im Mittelalter manchmal Erwachsene oder Kinder in die Mauern von Festungen und Burgen eingemauert wurden, um sie dadurch unbezwingbar zu machen. Die Maurer wurden später für diese Grausamkeit in Dohlen verwandelt, die bis heute die alten Gemäuer besiedeln.

Eichelhäher – lebhaft, vergesslich, derb

Eichelhäher nannte man im Züricher Oberland unruhige und lebhafte Kinder. Sie sind für ihre Vorratshaltung durch das Verstecken von Nüssen bekannt. In Schweden sagt man, dass er sich die Verstecke nach den Wolken merke. Da diese jedoch ziehen, findet er nicht mehr alle. In Frankreich schließlich bedeutet „sich unterhalten wie ein Eichelhäher", sich wenig schöner Ausdrücke zu bedienen.

Der Tannenhäher hat ähnlich dem Eichelhäher weniger stark Einzug in Mythen und Volksglauben gehalten. Nach einer böhmischen Erzählung besitzt der Tannenhäher einen magischen Stein, mit dem man alle unterirdischen Schätze finden kann. Um an den Stein zu gelangen, muss man ein Nest mit Gelege oder Jungvögeln in ein Tuch einbinden. Wenn der Altvogel dann versucht den Knoten zu lösen, lässt er den mitgebrachten Stein fallen, sodass ihn der Wartende auffangen kann.

Vielleicht liegt in der einen oder anderen Geschichte ein kleines Körnchen Wahrheit, denn immer wieder rückt die Intelligenz der Rabenvögel in den Mittelpunkt. Und die ist längst wissenschaftlich bewiesen. ❖

Literatur zum Thema

Bezzel E 2019: 55 Irrtümer über Vögel. Aula, Wiebelsheim.

Gattiker E, Gattiker L 1989: Die Vögel im Volksglauben. Aula, Wiebelsheim.

Hans-Joachim Fünfstück war über Jahrzehnte Mitarbeiter der Staatlichen Vogelschutzwarte Garmisch-Partenkirchen. Seit 1999 ist er Mitglied der Fachredaktion DER FALKE.

Im schwedischen Volksglauben orientiert sich der Eichelhäher beim Verstecken von Nüssen und Eicheln an den Wolken. Garmisch-Patenkirchen, 8.1.2017.

Bekannte Rabenvögel der Westpaläarktis: Saatkrähe, Rabenkrähe, Nebelkrähe, Kolkrabe, Elster, Blauelster, Eichelhäher, Tannenhäher, Dohle, Alpendohle, Alpenkrähe.

Alle Fotos: M. Wink; Blauelster: H.-J. Fünfstück.

Taxonomie und Systematik der Rabenvögel

Die Familie der Rabenvögel (Corvidae) ist weltweit verbreitet und umfasst 137 Arten in 21 Gattungen. In der Westpaläarktis kommen mindestens 12 Rabenvogelarten vor. Rabenvögel gelten als ungewöhnlich intelligente Tiere (Werkzeuggebrauch), die viele Lebensräume erfolgreich besiedelt haben. Viele Arten bilden geografisch bedingte Unterarten. Wenn die Verbreitungsgebiete solcher Unterarten aufeinandertreffen, bilden sich in den Kontaktzonen Mischbruten (wie zum Beispiel bei Raben- und Nebelkrähe, s. Seite 18).

Text von
Michael Wink

Wichtige Begriffe aus der molekularen Systematik

Genom: Gesamtheit der genetischen Information einer Zelle

Kern-DNA: die Chromosomen im Zellkern bestehen aus DNA; das Kerngenom kann durch Next-Generation-Sequencing (NGS) sequenziert werden

Klade: systematische Einheit, die den letzten gemeinsamen Vorfahren und alle seine Nachfahren enthält

monophyletisch: einstämmig; entspricht der Definition einer Klade; alle Mitglieder der Klade stammen von derselben Stammform ab

mtDNA: ringförmige DNA in den Mitochondrien der Zelle; wichtige Informationsquelle für die DNA-Forschung

Phylogenie: Stammesentwicklung, Stammesgeschichte, einmaliger historischer Ablauf der Aufspaltung

polyphyletisch: mehrstämmig; Arten clustern in unterschiedlichen Kladen, die sich aus mehreren Stammformen ableiten

Sequenzierung: ermöglicht die Bestimmung der Basenabfolge innerhalb eines bestimmten DNA-Moleküls

Die Sequenzierung der DNA wurde für die Taxonomie und Systematik in allen Bereichen der Biologie zu einem wichtigen Werkzeug. Das betrifft natürlich auch die Ornithologie. Über Nucleotidsequenzen von Markergenen und kompletten mitochondrialen Genomen konnten die Verwandtschaftsbeziehungen von bereits vielen Tausend Vogelarten rekonstruiert werden (FALKE 2018, H. 9). Durch eine Aufspaltung bestehender Arten (Splitting), aber auch durch die Entdeckung neuer Arten wuchs die Anzahl bekannter Vogelarten von unter 10 000 Arten vor 1990 auf fast 11 000 Arten aktuell, die sich in 44 Ordnungen, 253 Familien und 2381 Gattungen aufgliedern lassen (www.worldbirdnames.org). Falls dieser Trend des Splittings der Arten durch Anwendung des Phylogenetischen Artkonzepts weitergeht, dann dürften wir irgendwann bei 18 000 Arten (Schätzungen schwanken zwischen 15 845 und 20 470 Arten) landen.

Die größte der 44 Vogelordnungen sind die Sperlingsvögel (Passeriformes) mit aktuell 6533 Arten, zu denen auch die Rabenvögel zählen. Die nächsten Verwandten der Sperlingsvögel sind nach Genomanalysen die Ordnungen der Falken und Papageien, deren gemeinsame Vorfahren vor rund 65 Millionen Jahren existierten. Die Artaufspaltung der Passeriformes erfolgte vor allem im Eozän (ab 55 Millionen Jahren), vermutlich in Australien. In der Nordhemisphäre gibt es Passeriformes jedoch erst seit rund 30 Millionen Jahren. Die Passeriformes werden in 141 Familien unterteilt, davon die meisten in der Unterordnung der Singvögel (Passeri oder Oscines). Für uns interessant ist die Infraorder Corvides mit der Überfamilie Corvoidea (unter anderem mit den Familien der Drongos, Paradiesvögel, Monarchen, Würger und Rabenvögel), in der wir die Familie Corvidae (Rabenvögel) finden, deren Phylogenie und Phylogeographie im Folgenden erörtert werden.

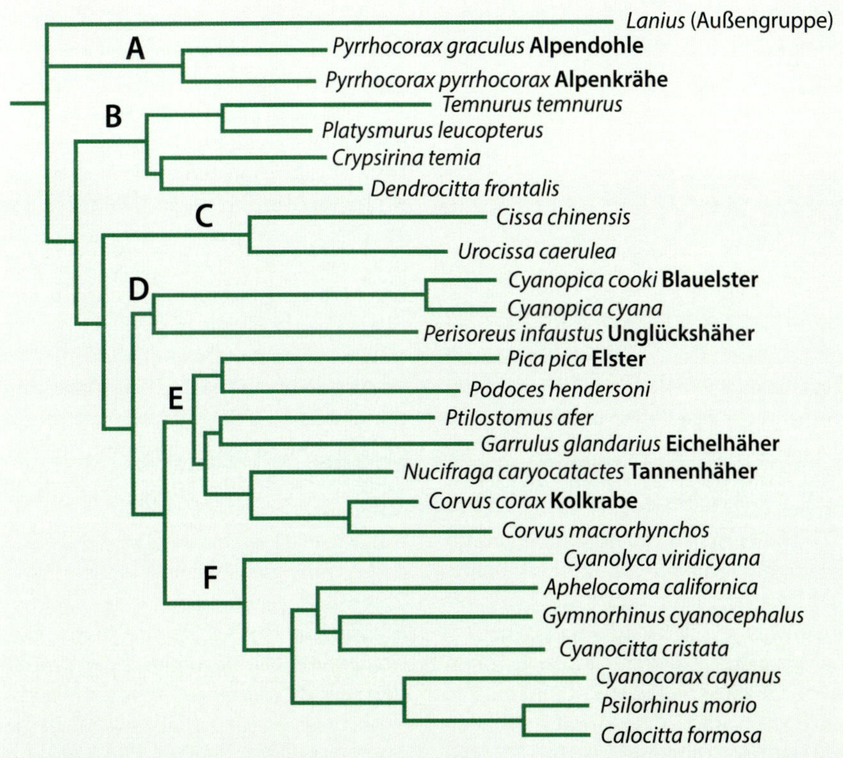

Molekulare Phylogenie der Corvidae. Stammbaumrekonstruktion (MrBayes, Maximum Likelihood, verändert nach Fernando et al., 2017). Sechs Kladen (A bis F) sind ersichtlich. Die Rabenvögel der Westpaläarktis sind durch deutsche Trivialnamen markiert.

Phylogenie und Systematik der Krähenverwandten (Corvidae)

Die Corvidae umfassen weltweit 137 Arten mit 21 Gattungen: *Corvus* (47 Arten), *Pyrrhocorax* (2 Arten), *Pica* (7 Arten), *Cyanopica* (2 Arten), *Garrulus* (3 Arten), *Nucifraga* (3 Arten) und *Perisoreus* (3 Arten) kommen alle in der Paläarktis vor, die übrigen Gattungen *Platysmurus*, *Temnurus*, *Crypsirina*, *Dendrocitta*, *Urocissa*, *Cissa*, *Zavattariornis*, *Ptilostomus*, *Podoces*, *Canolyca*, *Gymnorhinus*, *Aphelocoma*, *Cyanocitta* und *Cyanocorax* leben in Südostasien, Afrika oder in Nord-, Mittel- und Südamerika. In Afrika und Australien finden wir nur rund 10 Corvidenarten; der Artenschwerpunkt der Corviden liegt im tropischen Asien und in Amerika.

Corviden zeigen viele ähnliche Merkmale: Viele haben ein schwarzes oder blaues Gefieder; nur die tropischen Arten sind farbenfreudig. Sie weisen kaum Geschlechtsdimorphismus in Gefiederfärbung oder Körpergröße auf. Ihre Nasenöffnungen haben häufig borstenartige Federn.

Viele Corviden leben sozial in kleineren oder größeren Verbänden, in denen es

RABENVÖGEL

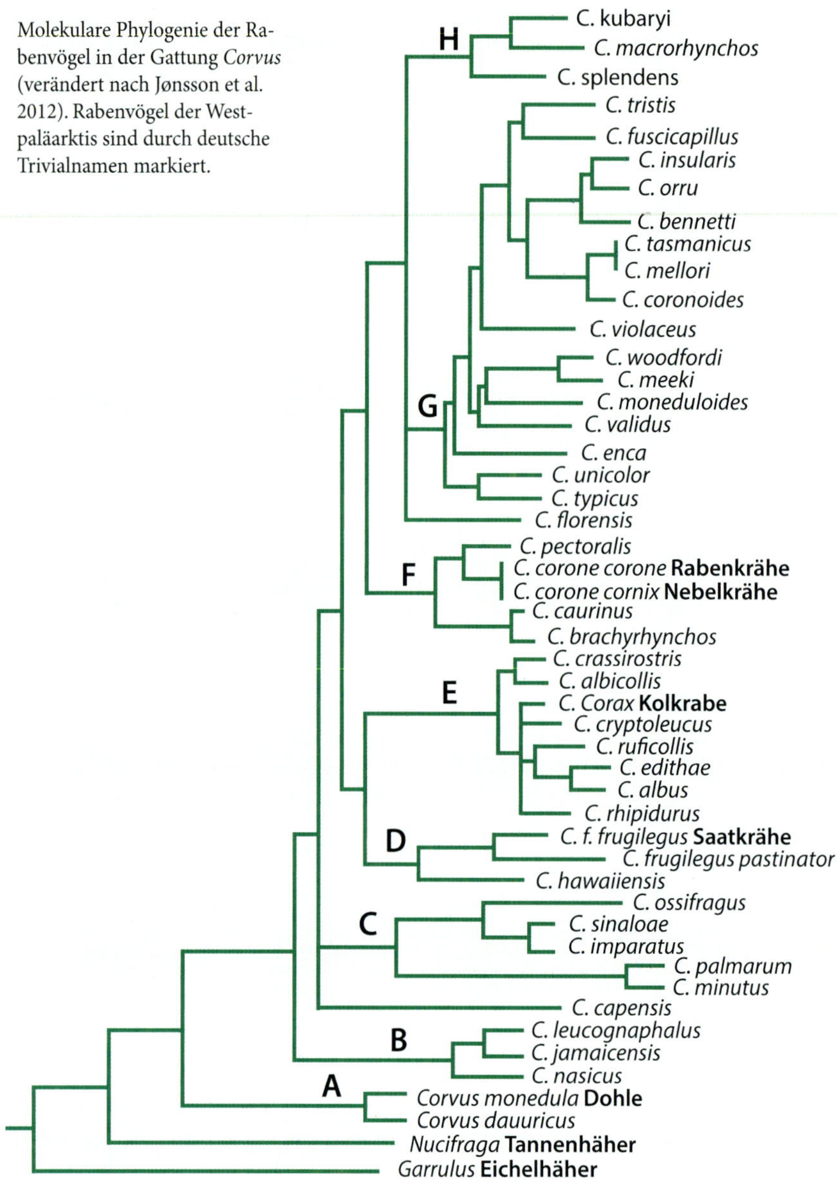

Molekulare Phylogenie der Rabenvögel in der Gattung *Corvus* (verändert nach Jønsson et al. 2012). Rabenvögel der Westpaläarktis sind durch deutsche Trivialnamen markiert.

offenbar eine ausgeklügelte Kommunikation gibt. Viele Arten sind sozial monogam und haben lebenslange Partnerschaften. Bei einigen Arten treten Helfer auf. Corviden gelten als besonders intelligent; sie zeigen Werkzeuggebrauch, Bewusstsein, ein sehr gutes Gedächtnis und Empathie. Obwohl sie zu den Singvögeln zählen, fehlen meist elaborierte Gesänge.

So spannend die Biologie der Rabenvögel auch ist, soll es in diesem Artikel hauptsächlich um ihre Phylogenie und Phylogeographie gehen. Eine molekulare Phylogenie der Familie Corvidae, die Vertreter aller wichtigen Gattungen umfasst, ist im abgebildeten Stammbaum (s. Seite 13) illustriert, der auf einem kombinierten Datensatz mehrerer Markergene beruht (Fernando et al., 2017).

Im Folgenden legen wir den Fokus auf die Systematik der Krähenverwandten der Westpaläarktis: In allen Phylogeniestudien nehmen Alpenkrähe und Alpendohle eine basale Position ein (Klade A) und bilden eine gemeinsame monophyletische Gruppe.

Die Häher bilden dagegen keine monophyletische Gruppe; sie sind eindeutig polyphyletisch; man findet sie in unterschiedlichen Verwandtschaftsgruppen: Unglückshäher clustern mit den Blauelstern (Klade D); Elstern, Tannenhäher, Eichelhäher und Krähen/Raben bilden eine weitere monophyletische Gruppe (Klade E). Die Tannenhäher teilen sich mit den Krähen/Raben der Gattung *Corvus* einen gemeinsamen Vorfahren; die Spitzschwanzelster (*Ptilostomus afer*) aus Westafrika teilt einen solchen vermutlich mit den Eichelhähern. Elstern clustern mit den Hähern der Gattung *Podoces* zusammen. Corvidae der Kladen B, C und F leben in Asien (Klade B und C) oder in der Neuen Welt (Klade F).

Die größte Gattung innerhalb der Familie Corvidae ist die Gattung *Corvus*, die auf allen Erdteilen verbreitet ist. Jønsson und Kollegen publizierten 2012 eine umfassende Phylogenie der Gattung *Corvus*, die auf mehreren Markergenen beruht. Sie gliedern den Stammbaum in acht Kladen (A bis H), die auf eine ausgeprägte genetische und geografische Differenzierung innerhalb der Gattung hinweist. An der Basis steht die Klade A der Dohlen, mit *C. monedula* in der Westpaläarktis und Elsterndohle *C. dauuricus* im östlichen Asien. Wie bereits erwähnt, stehen die Tannenhäher an der Basis der Krähen/Raben-Klade. In den Kladen B und C clustern Krähenarten der Karibik und rund um den Golf von Mexiko. In der Klade D finden wir die Saatkrähe und überraschenderweise die Hawaii-Krähe, die in der Natur offensichtlich ausgestorben ist. Hier stellt sich die spannende Frage, woher der gemeinsame Vorfahre beider Arten stammt und wie und wann sie Hawaii besiedelt hat.

Die Schwesterklade E zu Klade D enthält den Kolkraben und verwandte Rabenarten, von denen die meisten in Afrika vorkommen. Der Kolkrabe besiedelt Europa und Asien, von den Kanarischen Inseln im Westen bis nach Japan im Osten. Der Kolkrabe lebt auch auf Grönland sowie in Nord- und Mittelamerika. Zwölf morphologisch sehr ähnliche Unterarten werden unterschieden, die sich teilweise auch genetisch unterscheiden; insbesondere sind die amerikanischen Kolkraben deutlich von den eurasischen Unterarten unterschieden. Der amerikanische Kolkrabe ist nahverwandt mit dem Mexikoraben *C. cryptoleucus* der in Texas und Mexiko vorkommt; die Trennung beider Arten erfolgte vor rund zwei Millionen Jahren.

In Klade F finden wir Raben- und Nebelkrähe mit eurasischer Verbreitung, zu denen auch die Halsbandkrähe *C. pectoralis* zählt, die der Nebelkrähe ähnelt. Diese Krähenlinie hat auch zwei amerikanische Vertreter (*C. caurinus, C. brachyrrhynchos*).

Klade G enthält vor allem Krähenarten aus Australien, Tasmanien und Neuguinea sowie von den pazifischen Inseln, während ostasiatische Krähen vor allem in der Klade H platziert sind.

Phylogeographie der Rabenvögel

Viele Rabenvögel zeigen eine weite Verbreitung in der Paläarktis. Da sie häufig ortsstete Standvögel sind, haben sich im Verlauf der letzten zwei Millionen Jahren geografisch determinierte unterschiedliche Unterarten ausgebildet, die sich morphologisch in vielen Fällen nur geringfügig unterscheiden. Wenn sich diese geografisch isolierten Unterarten aber über ihre DNA unterscheiden, wurden viele von ihnen in den letzten Jahrzehnten als eigenständige Arten abgetrennt.

Alpenkrähen und Alpendohlen besiedeln die Gebirge und Küsten (Alpenkrähe) von weiten Teilen Europas und Asiens; bei der Alpenkrähe werden acht und bei der Alpendohle drei geografisch determinierte Unterarten unterschieden. Beim Unglückshäher, der von Skandinavien bis Ostchina vorkommt, wurde eine nahverwandte Art in Sichuan als Sichuanhäher *P. internigrans* und die deutlich unterschiedlich aussehenden Unglückshäher in Nordamerika als Meisenhäher *P. canadensis* abgetrennt. Die Blauelster hat zwei disjunkte Verbreitungsgebiete in Ostasien und auf der Iberischen Halbinsel. Da sich die Blauelstern in Asien und Europa auch genetisch unterscheiden, wurde die Art in zwei Arten aufgetrennt: die Azurelster *Cyanopicta cyanus* in Asien und die Blauelster *C. cooki* als neue Art auf der Iberischen Halbinsel. Der Eichelhäher *Garrulus glandarius* besiedelt die Paläarktis von Portugal bis Japan; 27 Unterarten in sechs Linien lassen sich differenzieren. Vier Formen in Südostasien wurden schon seit Längerem als eigenständige Arten behandelt. Auch die Elster *Pica pica* besiedelt die Paläarktis von Portugal bis Japan. Bei der Elster werden 7 geografisch bedingte Unterarten unterschieden, die morphologisch sehr ähnlich sind. Zwei nordameri-

Bei der Alpenkrähe, hier die Unterart *P. p. centralis*, werden acht Unterarten unterschieden.

Foto: H.-J. Fünfstück. Mongolei, 2.8.2023.

Der Unglückshäher *Perisoreus infaustus* kommt von Skandinavien bis Ostchina vor.

Foto: C. Moning. Finnland, 4.4.2011.

Die Elster (im Bild *Pica p. bactriana*) besiedelt die Paläarktis von Portugal bis Japan; unterschieden werden sieben Unterarten, die sich allerdings morphologisch sehr ähnlich sind. Foto: H.-J. Fünfstück. Kasachstan, 15.6.2008.

Zwei Nebelkrähen suchen zwischen angewehten Pflanzenteilen nach Fressbarem.

Foto: H.-J. Fünfstück. Side, Türkei, 12.6.2012.

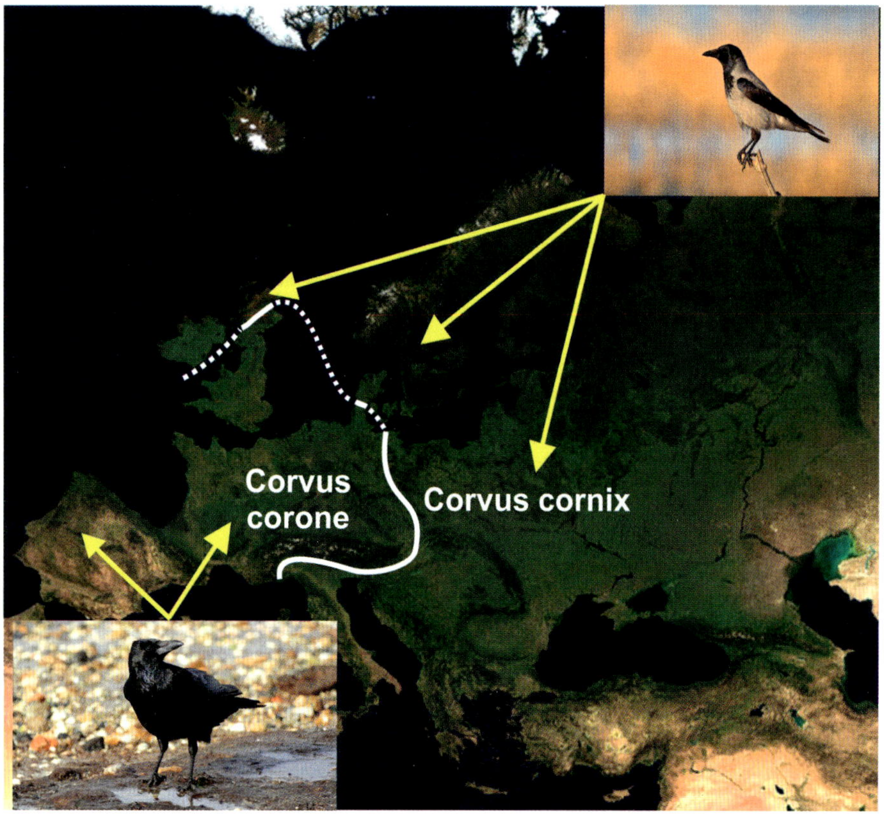

Verbreitung von Raben- und Nebelkrähe in Europa

Abbildung: Cruithne9 / Wikipedia. CC BY-SA 4.0

kanische Elsterarten und 4 Unterarten in Nordafrika, in Saudi-Arabien und Südostasien wurden inzwischen als eigenständige Arten abgetrennt. Ähnliches gilt für den Tannenhäher *Nucifraga caryocatactes*; in Eurasien werden 4 Unterarten unterschieden; 3 weitere Formen in Nordamerika, und Südostasien werden schon seit Längerem als eigenständige Arten angesehen.

In der Gattung *Corvus* werden aktuell 43 Arten registriert, die sich morphologisch häufig nur geringfügig unterscheiden. Die meisten Arten haben ein einfarbig schwarzes Gefieder. Viele der beschriebenen Arten besiedeln eng begrenzte Areale, zum Beispiel auf den Inseln in der Karibik, des Pazifiks oder im Malaiischen Archipel. Nur rund 25 % der Arten weisen ausgedehnte Verbreitungsgebiete auf dem Festland auf; in diesen Fällen wurden meist diverse Unterarten definiert. Zu den *Corvus*-Arten mit größeren Verbreitungsgebieten zählen: *C. capensis*, *C. corax*, *C. albicollis*, *C. ruficollis*, *C. albus*, *C. corone*, *C. splendens*, *C. enca*, *C. orru*, *C. bennetti*, *C. coronoides* und *C. macrorhynchos*.

Die Phylogeographie der Aaskrähe ist besonders kompliziert: In weiten Teilen von Mittel- und Südeuropa, aber auch im östlichen Asien lebt die einfarbige Rabenkrähe, die auf Teilen der Britischen Inseln, in Skandinavien und in Osteuropa durch die zweifarbige Nebelkrähe ersetzt wird. Wo Nebelkrähen auf Rabenkrähen treffen, also in Europa auf *C. c. corone* und in Asien auf *C. c. orientalis*, kommt es meist regelmäßig zur Hybridisierung. Diese Hybride sind offensichtlich fruchtbar und vermischen sich mit anderen Raben- und Nebelkrähen. Wenn man mitochondriale Markergene von Raben- und Nebelkrähen analysiert, ergeben sich keine klaren Muster, die man bei „guten Arten" erwarten würde. Denn die Hybride verhindern eine klare Linienbildung. Auch bei genomischen Analysen (Vijay et al. 2016) konnten nur wenige Unterschiede bestimmt werden, was auf einen intensiven Genfluss hindeutet. Nur auf Chromosom 18 wurden Unterschiede entdeckt; auf ihm liegen Gene, die die Gefiederfärbung steuern. Da reine Nebel- und Aaskrähen sich phänotypisch gut unterscheiden lassen, erscheint es durchaus sinnvoll, sie als eigenständige Arten anzusehen. Man sollte jedoch davon ausgehen, dass es vielerorts genetische Mischlinge gibt, die man oft nicht eindeutig erkennen kann. Offenbar bevorzugen reine Raben- und Nebelkrähen jedoch „richtig" gefärbte Partner, sodass außerhalb der Kontaktzonen nur wenige Vermischungen mit Hybriden auftreten.

Bei den diversen Unterarten der anderen Rabenvögel, die sich morphologisch weniger deutlich unterscheiden (siehe oben), müssen wir von ähnlicher Vermischung ausgehen, wenn ihre Verbreitungsgebiete aufeinandertreffen.

Elisabeth Haring und Kollegen haben die mitochondriale Kontrollregion der Corvidae genauer untersucht (Haring et al., 2012). Bei einigen Krähen, Blauelstern und der Elster fanden sie, dass sich die Vögel in Asien deutlich von ihren Schwestern in Europa unterschieden. Ähnliche West-Ost-Disjunktionen haben die Autoren bei der Saatkrähe und vor allem bei der Aaskrähe festgestellt. Bei der Saatkrähe werden entsprechend zwei Unterarten beschrieben: *C. f. frugilegus* in der Westpaläarktis und *C. f. pastinator* in Ostasien.

Nur bei einigen Arten finden wir weiße/gräuliche Gefiederpartien im Nacken, auf dem Rücken, Bauch und Brust, wie man dies von der Nebelkrähe kennt. Zu diesen schwarz-weißen Arten zählen neben der Nebelkrähe die Elsterdohle *C. dauuricus* in Südostasien, Schildrabe *C. albus* in Afrika, Halsbandkrähe *C. pectoralis* in Südostasien, Celebeskrähe *C. typicus* auf Sulawesi und Glanzkrähe *C. splendens* in Südostasien. Nur die Halsbandkrähe *C. pectoralis* und die Nebelkrähe sind nah verwandt; alle anderen Arten findet man in unterschiedlichen Kladen im Stammbaum. Demnach muss dieses Schwarz-weiß-Muster konvergent entstanden sein, oder aber die Gene lagen schon bei den Stammformen der Gattung vor, werden aber in den meisten Taxa nicht exprimiert.

Ausblick

Taxonomie und System der Rabenvögel stellen den Taxonomen und Phylogenetiker vor größere Herausforderungen, da sie oft nur eine begrenzte Anzahl an morphologischen Unterschieden aufweisen. Da viele Arten wohl seit Langem Standvögel sind, findet man eine ausgeprägte Differenzierung lokaler Populationen, die in vielen Fällen nur über DNA-Analysen erkennbar sind. Treffen solche Populationen aufeinander, entstehen Kontaktzonen mit ausgeprägter Hybridbildung. Bedingt durch große Verbreitungsareale vieler Arten von der Iberischen Halbinsel bis nach Ostasien ist der Phylogenetiker auf sehr viele, systematisch gesammelte Untersuchungsproben angewiesen, um lokale Differenzierungen und Hybridbildungen global zu erkennen. Außerdem werden hochauflösende DNA-Analyse-Verfahren benötigt, die eine genaue Analyse lokaler Differenzierungen und Arealänderungen erlauben. Hier wird der Genomanalyse über NGS (Next Generation Sequencing) zukünftig noch mehr Bedeutung zukommen, als sie schon jetzt besitzt. ❖

Eine sonnenbadende Saatkrähe, hier ein Altvogel, ist eine seltene Beobachtung.

Foto: H.-J. Fünfstück. Schottland, 3.5.2024.

Literatur zum Thema

Del Hoyo J (Hrsg.) 2020: All Birds of the World. Lynx Edicions, Barcelona.

Del Hoyo J, Collar N J 2016: HBW and BirdLife International Illustrated Checklist of the Birds of the World. Vol. 2: Passerines. Lynx Edicions, Barcelona.

Fjeldså J, Christidis L., Ericson P G P 2020: The Largest Avian Radiation. The Evolution of Perching Birds, or the Order Passeriformes. Barcelona, Lynx Edicions.

Fernando S W, Peterson A T, Li S H 2017: Reconstructing the geographic origin of the New World jays. Neotropical Biodiversity, 3, 80–92.

Haring E, Däubl B, Pinsker W, Kryukov A, Gamauf A 2012: Genetic divergences and intraspecific variation in corvids of the genus *Corvus* (Aves: Passeriformes: Corvidae) – a first survey based on museum specimens. Journal of Zoological Systematics and Evolutionary Research, 50: 230-246.

Jønsson K A, Fabre P H, Irestedt M 2012: Brains, tools, innovation and biogeography in crows and ravens. BMC Evol Biol. 2012 12:72. DOI: 10.1186/1471-2148-12-72.

Vijay N, Bossu C M, Poelstra J W, Weissensteiner M H, Suh A, Kryukov A P, Wolf JB 2016: Evolution of heterogeneous genome differentiation across multiple contact zones in a crow species complex. Nat Commun. 7:13195. DOI: 10.1038/ncomms13195.

Wink M 2021: DNA analyses have revolutionized studies on the taxonomy and evolution in birds. In H. Mikkola ed:, Birds – Challenges and Opportunities for Business, Conservation and Research. IntechOpen, DOI: 10.5772/intechopen.97013.

Dr. Michael Wink ist seit 1989 Professor für Pharmazeutische Biologie an der Universität Heidelberg, Institut für Pharmazie und Molekulare Biotechnologie. Seit 2019 ist er Senior-Professor. Seine Forschungsgebiete umfassen die Chemie und Pharmakologie von Arznei- und Giftpflanzen, aber auch die Evolution, die molekulare Systematik und Phylogenie von Pflanzen, Reptilien und insbesondere von Vögeln.

NEUES AUS DER HYBRIDZONE VON RABENKRÄHE UND NEBELKRÄHE:

Zwei Krähen, viele Möglichkeiten

Krähen als Sympathieträger, hier ein Hybridtyp 1 (rabenkrähenähnlich).
Dresden, 11.2.2022.

Vermischungszonen von Vogelarten sind immer wieder spannende Untersuchungsgebiete der Freilandbiologie und Evolutionsforschung, weil dort Artbildungsprozesse und ihre Auswirkungen an den Vögeln selbst untersucht werden können. Bekannte Beispiele vor unserer Haustür in Europa sind unter anderem die Kontaktzonen von Trauerschnäpper und Halsbandschnäpper oder das hier vorgestellte Mischgebiet von Rabenkrähe und Nebelkrähe. Die Debatte, ob wir in letzterem Beispiel von einer oder von zwei Arten sprechen, würde den Rahmen dieses Artikels sprengen. Der Einfachheit halber orientieren wir uns deshalb an der aktuellen Deutschen Artenliste, die von zwei getrennten Arten ausgeht: die rein schwarze Rabenkrähe *Corvus corone* in Westeuropa und die grau-schwarze Nebelkrähe *C. cornix* in Osteuropa. Wo diese beiden Krähen lokal aufeinandertreffen, bleiben sie aber nicht unter sich, sondern brüten auch gemeinsam und ziehen erfolgreich Nachwuchs auf, der wiederum voll fortpflanzungsfähig ist. Infolgedessen sind diese Mischpopulationen von Elternarten und Hybriden ungemein heterogen, und es kommen sämtliche Gefiederscheckungen vor. Historische Arbeiten beruhen meist auf dem einfachen Schema von zwei Eltern und einem phänotypischen Hybrid, für heutige Kartierungen unterscheidet man entsprechend der Klassifizierung von Duquet (2012) neben den beiden Elternarten drei Hybridphänotypen: einen intermediären sowie zwei weitere, die jeweils einem der beiden Eltern ähneln. Wie darf man sich die Entstehungsgeschichte dieses bemerkenswerten räumlichen Verteilungsmusters vorstellen?

Text und Fotos von
Martin Päckert

Vereinfacht dargestellt haben sich Raben- und Nebelkrähe während der Eiszeiten voneinander getrennt; also in einem Prozess, der etwa vor zwei Millionen Jahren begann. Während Mitteleuropa größtenteils von Gletschern bedeckt oder durch Tundravegetation geprägt war, verschoben sich die Verbreitungsgebiete vieler Tierarten in Richtung Mittelmeer. Dort trennten sich zwangsläufig die Wege vieler Ursprungspopulationen heutiger Arten, weil ihre drei großen eiszeitlichen Refugien geografisch voneinander getrennt blieben: Die Iberische Halbinsel und die Italienische Halbinsel mit den Pyrenäen und den Alpen als nördliche geografische Barrieren und die Balkanhalbinsel im Osten. Die Spuren der langen, voneinander isolierten Entwicklungen kann man heute noch in den unterschiedlichen Phänotypen und genetischen Linien mancher Arten(-Gruppen) nachvollziehen, zum Beispiel bei den Weißbartgrasmücken, die früher als eine einzige Art galten, heute aber mehrheitlich als drei Arten betrachtet werden: die iberische *Sylvia inornata*, die östliche *S. cantillans* und zwischen ihnen die norditalienische und auf einigen Mittelmeerinseln heimische *S. subalpina*. Auf dem eurasischen Kontinent haben die großen Inlandgletscher bei einigen Arten heute noch große Verbreitungslücken hinterlassen, zum Beispiel bei der Sumpfmeise oder bei den Blauelstern. Dass trotz der fast deckungsgleichen Verbreitungsmuster und genetischen Distanzen nur die Blauelstern heute in eine östliche und eine westliche Art getrennt werden (*Cyanopica cyane* und *C. cooki*), die Sumpfmeise aber weiterhin als eine einzige transpaläarktisch verbreitete Art (*Poecile palustris*) gilt, zeigt anschaulich, wie subjektiv unsere Schlussfolgerungen aus neuesten Forschungsergebnissen der integrativen Taxonomie sind.

Doch zurück zu den Krähen. Anders als in den zuvor genannten Beispielen haben sich die Vorläufer der heutigen Rabenkrähen und Nebelkrähen mit Anbruch des Holozäns vor etwa 18 000 Jahren im Zuge ihrer Ausbreitung gen Norden großräumig getroffen und eine lange Kontaktzone quer durch Mittel- und Westeuropa ausgebildet. Diese verläuft heute von der französischen Mittelmeerküste in einem exakten Bogen entlang der Alpen, knickt danach annähernd im 90°-Winkel ab und verläuft nordwärts durch Teile Ostdeutschlands, um im Norden abermals in einem Bogen westwärts über Dänemark bis auf die Britischen Inseln zu führen. Mit ungefähr 50 km Ausdehnung in ihrer Breite ist diese Kontaktzone eher schmal und räumlich relativ stabil. Offenbar kommt es trotz der augenfälligen regionalen Hybridisierung bei den beiden Krähen nicht zu einer räumlichen Ausdehnung des Vermischungsgebiets und damit auch nicht zu einer Verdrängung der beiden Elternformen zugunsten der Hybriden. Genau diese Beobachtung – die großräumige Beständigkeit der Elternphänotypen – ist bis heute eines der Hauptargumente für die Trennung von Rabenkrähe und Nebelkrähe auf Artniveau. Doch davon abgesehen, steht die Frage im Raum: Wie unverrückbar ist der Verlauf der Hybridzone denn tatsächlich?

Gebäudenest in einem kleinen Seitenturm der Dresdener Garnisonskirche. 9.4.2023.

Untersuchungen in Dänemark haben gezeigt, dass sich dort die Hybridzone minimal nach Norden verschiebt, und zwar im Laufe von achtzig Jahren immerhin um 19 km. Offenbar rückt die Rabenkrähe langsam, aber stetig in Nebelkrähengebiet vor. Dieser Befund konnte aufgrund von Langzeitstudien im Freiland getroffen werden. Für die Rekonstruktion längerfristiger historischer Prozesse wiederum sind ornithologische Sammlungen von unschätzbarem Wert. Die Vogelsammlung des Museums für Tierkunde Dresden war sogar der Grundstock für die erste kartografische Bearbeitung der Krähenhybridzone durch Wilhelm Meise im Jahr 1928. Da die Dresdner Sammlung seitdem durch viele weitere Lokalserien erweitert wurde – zum Beispiel durch die Sammlung von Udo Bährmann aus der Umgebung von Lauchhammer in Südbrandenburg –, sind wir im Jahr 2020 in die Fußstapfen von Meise getreten. In seiner Bachelorarbeit an der Hochschule für Wirtschaft und Technik (HTW) Dresden hat Benjamin Hoppe zunächst über 300 Belegexemplare von Krähen aus den Sammlungen Dresden und Berlin nach den fünf Phänotypklassen bestimmt, und im Anschluss die heutige Zusammensetzung lokaler Populationen im Freiland untersucht, für die uns eine ausreichende historische Stichprobe vorlag. Und tatsächlich scheint sich das Verbreitungsgebiet der Rabenkrähe während der letzten siebzig Jahre etwas weiter nach Osten verschoben zu haben, denn im Jahr 2020 fanden wir in Dresden,

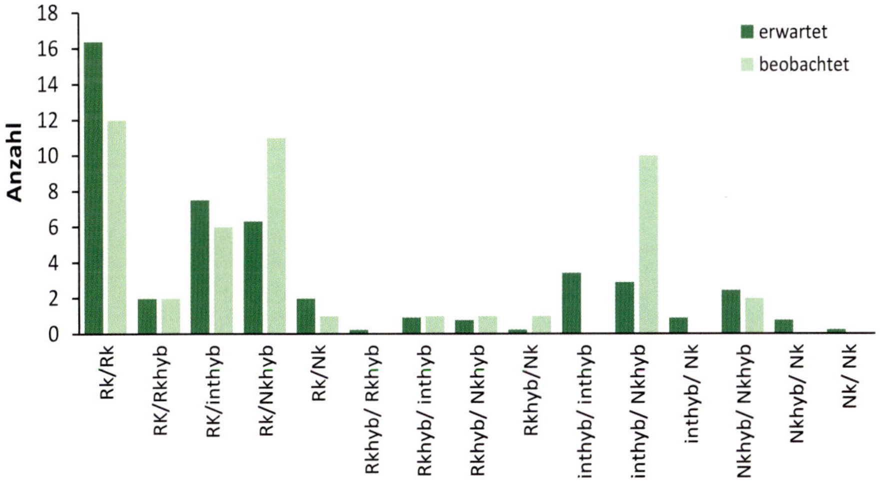

Vergleich real beobachteter und statistisch erwarteter Anzahlen (letztere berechnet nach Randler 2009) jeder der fünfzehn möglichen Verpaarungen zwischen den fünf Phänotypklassen (Eltern: Rk= Rabenkrähe, Nk= Nebelkrähe; Hybriden: Rkhyb= Hybridtyp 1 [rabenkrähenähnlich], inthyb= Hybridtyp 2 (intermediär), Nkhyb= Hybridtyp 3 [nebelkrähenähnlich]) für die Stadtpopulation Dresden.

Leipzig, Lauchhammer oder Görlitz deutlich mehr phänotypische Rabenkrähen als noch zu Zeiten Bährmanns. Trotz solcher kleinräumigen Verschiebungen scheint die Hybridzone in ihrer Ausdehnung weiterhin relativ schmal zu bleiben. Ein Erklärungsansatz hierfür ist bislang die landläufige Meinung, dass die Krähen in der Wahl ihrer Brutpartner recht wählerisch seien und im Mittel eher den eigenen Phänotyp bevorzugen. Die Krähen sollten sich also gemäß dem Motto „Gleich und gleich gesellt sich gern" verhalten. Dafür sprechen verschiedene Untersuchungen in den Mischgebieten in Mitteldeutschland und in Italien. Nun sind aber lokale Populationen in verschiedenen Bereichen der Hybridzone in unterschiedlichem Maß heterogen und möglicherweise sind die Bedingungen nicht überall gleich.

Jungvogel aus einer Mischbrut von Rabenkrähe und Hybridtyp 2 (intermediär) beim Erlernen vom Umgang mit potenziellem Nistmaterial. 29.4.2022.

Auch dieses Phänomen haben wir uns in der Dresdner Mischpopulation genauer angesehen. Seit dem Jahr 2021 führen wir, neben der Wintervogelzählung, im Frühjahr auch eine Nesterkartierung in der Dresdner Neustadt und im Großen Garten durch. Für die zentrale Fragestellung „Wer brütet mit wem?" orientieren wir uns (anders als manche Vorläuferarbeiten) wiederum an den fünf Phänotypklassen. In einer weiteren Bachelorarbeit an der HTW Dresden hat Laura Marie von Elm die Freilandbeobachtungen aus den Jahren 2021 und 2022 ausgewertet und zusammengefasst. Für den Vergleich (statistisch) erwarteter und (im Freiland) beobachteter Häufigkeiten jeder der fünfzehn möglichen Verpaarungen ist es von zentraler Bedeutung, die lokalen Häufigkeiten jedes der fünf Phänotypen in die statistischen Tests miteinzubeziehen. Denn Dresden liegt offenbar nicht ganz im Zentrum der Hybridzone, zumindest ist dort das Verhältnis der Elternarten nicht ausgeglichen. Im Dresdner Stadtzentrum ist nämlich die Rabenkrähe mit weitem Abstand der häufigste Phänotyp, während phänotypisch reine Nebelkrähen deutlich seltener vorkommen. Daher müsste unter der Annahme von streng selektiver Partnerwahl in Dresden die Verpaarung Rabenkrähe/Rabenkrähe theoretisch mit Abstand am häufigsten vorkommen. Dies ist aber nur bedingt der Fall: Tatsächlich kommen Rabenkrähenpaare sogar ein wenig seltener als erwartet vor, während Verpaarungen des Hybridtyps 3 (nebelkrähenähnlich) mit der Rabenkrähe und dem Hybridtyp 2 (intermediär) überproportional häufig beobachtet wurden. Damit würden die Nebelkrähen-Hybriden in Sachen Partnerwahl wohl eher dem Grundsatz „Gegensätze ziehen sich an" folgen.

Diese vorläufigen Ergebnisse wollen wir selbstverständlich aufgrund der mittlerweile deutlich umfangreicheren Freilanddaten der Folgejahre verifizieren. Es scheint sich aber jetzt schon anzudeuten, dass sich Krähen nicht immer lehrbuchmäßig und unseren Erwartungen entsprechend verhalten. Es bleibt also spannend, und die Krähenhybridzone wird auch weiterhin Gegenstand aufschlussreicher Untersuchungen sein. ❖

Derselbe Jungvogel mit Elterntier (intermediärer Hybrid mit schwarzer Unterseite und grauem „Kragen"). 29.4.2022.

Literatur zum Thema

Bährmann U 1960: Untersuchungen an einer Krähenpopulation im Mischgebiet der Raben- und Nebelkrähe in Deutschland östlich der Elbe. Abh. Ber. Mus. Tierkd. Dresden 25, 71-79.

Duquet M 2012: Pièges de l'identification La Corneille mantelée *Corvus cornix*: pure ou hybride? Ornithos 19 (1), 57-67.

Haas F, Brodin A 2005: The Crow *Corvus corone* Hybrid Zone in Southern Denmark and Northern Germany. International Journal of Avian Science 147 (4), 649-656.

Meise W 1928: Die Verbreitung der Aaskrähe (Formenkreis *Corvus corone* L.). J. Ornithol. 76, 1-203.

Metzler D, Knief U, Penalba J V, Wolf J B 2023: Assortative mating and epistatic mating-trait architecture induce complex movement of the crow hybrid zone. Evolution 75 (12), 3154–3174.

Randler C 2007: Assortative Mating of Carrion *Corvus corone* and Hooded Crows *C. cornix* in the Hybrid Zone in Eastern Germany. Ardea 95 (1), 143-149.

Dr. Martin Päckert ist seit 2006 Sammlungsleiter der Ornithologie an den Senckenberg Naturhistorischen Sammlungen Dresden. Er untersucht die Evolutions- und Stammesgeschichte sowie das Gesangsverhalten der Singvögel Eurasiens.

Ein mittlerweile historisches Bild: Die indische Glanzkrähe als Brutvogel in Mitteleuropa. Vogelbeobachter aus nah und fern kamen, um die mit Schiffen angekommenen Vögel im Freiland zu beobachten. Foto: M. Braun. Hoek van Holland, März 2011.

NICHT HEIMISCHE ART – FREUND ODER FEIND?

Die Glanzkrähe in Europa

Die Glanzkrähe ist eine südasiatische Rabenvogelart, die sich dem Menschen eng angeschlossen hat. Sie gehört aktuell zu den erfolgreichsten Neusiedlern unter den Vögeln und erreicht neue Gebiete häufig als blinder Passagier auf Schiffen. In vielen tropischen und subtropischen Ländern mit etablierten Populationen erweist sich die Art als invasiv. Eine kleine Brutpopulation etablierte sich in den 1990er-Jahren in den Niederlanden, sie bestand bis ins Jahr 2014. Dies war die bisher einzige Brutpopulation der Glanzkrähe in Europa.

Text von
Michael Braun

Die Glanzkrähe *Corvus splendens* (Vieillot, 1817), auch als Hauskrähe bekannt, ist mit 40 bis 43 cm Länge eine mittelgroße, schlanke Krähenart. Sie besitzt auf Nacken, Hals und Brust eine gräuliche Färbung. Außerdem zeigt sie den namensgebenden perlmuttartigen Glanz des Großgefieders. Sie ähnelt der Dohle *Coloeus monedula*, hat aber einen kräftigeren und längeren Schnabel, einen längeren Schwanz, eine dunkle Augenfarbe, eine schlankere Gestalt und Rufe ähnlich denen der Rabenkrähe. Eine gewisse Verwechslungsgefahr besteht auch mit Hybriden aus Nebelkrähe und Rabenkrähe (*Corvus cornix x corone*). Die nordwestliche Unterart *zugmayeri* hat die hellste Graufärbung, während die Arten im Südosten des Verbreitungsgebietes ein dunkleres Grau aufweisen.

Häufiger Siedlungsfolger in Südasien

Die Glanzkrähe gehört in Südasien zu den häufigsten Vogelarten, insbesondere in Städten. Sie fehlt in Indien nur außerhalb der Siedlungsgebiete des Menschen, beispielsweise in großen Waldgebieten oder Gebirgslandschaften. Es werden nach der IOC World Bird List von 2024 folgende fünf Unterarten unterschieden:

- *C. s. zugmayeri*: südlicher Iran, Pakistan bis Nord- und Zentralindien
- *C. s. splendens*: Zentral- und Südindien, Nepal, Bangladesch, Bhutan
- *C. s. protegatus*: Südwestindien und Sri Lanka
- *C. s. maledivicus*: Malediven
- *C. s. insolens*: Myanmar, Südchina und Südwest-Thailand

Glanzkrähen sind Allesfresser

Als typische Rabenvogelart brütet die Glanzkrähe in selbst gebauten Reisignestern in Bäumen und Sträuchern sowie auf menschlichen Strukturen. Die Gelegegröße umfasst drei bis fünf Eier. Glanzkrähen ernähren sich von Abfällen, kleinen Reptilien, Säugetieren, Insekten und anderen kleinen wirbellosen Tieren, Eiern, Nestlingen, Getreide sowie Früchten. Sie sind opportunistisch und fressen fast alles, was ihnen vor den Schnabel kommt. Häufig halten sich Glanzkrähen in der Nähe von Märkten und auf Mülldeponien auf. Schlafplätze befinden sich häufig in den Innenstädten in der Nähe von Futterquellen.

Ausbreitung per Schiff

Die Glanzkrähe befindet sich wie viele andere Arten auch in Co-Evolution mit dem Menschen. Während etliche Arten durch die Aktivitäten des Menschen gefährdet werden oder aussterben, steht die Glanzkrähe auf der Seite der Gewinner. Sie profitiert vom Menschen als Hauptlieferant der Nahrung und findet geeignete Brut- und Schlafplätze in den Städten. Im Jemen, auf Sansibar und in Malaysia wurde diese Art absichtlich ausgesetzt, um Schädlinge zu bekämpfen. Eine weitere Eigenschaft zeichnet die Glanzkrähe aus: Sie liebt Schiffe. Die Fähigkeit, den Schiffsverkehr als Ausbreitungsvektor zu benutzen, erlaubte es der Glanzkrähe, schnell weit entfernte Gebiete zu erreichen, die mit ihren Hafenstädten wiederum gute Lebensbedingungen boten. Sie besiedelte die Küstenorte des Indischen Ozeans von Ostafrika über die Arabische Halbinsel bis nach Mauritius und Australien. Mittlerweile gibt es auch in Nord- und Südamerika Funde dieser Art.

Ansiedlung in den Niederlanden

Im Jahr 1994 erschienen die ersten Glanzkrähen der Nominatform *Corvus splendens splendens* in Hoek van Holland, einem Vorort von Rotterdam. Vermutlich kamen die Tiere auch hier über ein Schiff aus der nächsten Population, Suez (Ägypten), in die Niederlande. Drei Jahre später, also 1997, fand hier die erste Freilandbrut der Glanzkrähe in Europa statt. Die kleine Population wuchs langsam, aber stetig bis auf 27 Tiere im Jahr 2009 an. Die erste Glanzkrähe der Unterart *zugmayeri* wurde 2012 entdeckt. Einzelne Tiere tauchten auch an anderen Orten in den Niederlanden auf.

Bedingt durch die inzwischen wachsenden Brutbestände dieser Art im östlichen Mittelmeergebiet kommen immer wieder Vögel nach Mittel-, West- und sogar Nordeuropa. Es gibt Nachweise aus Spanien, Frankreich, Irland, Großbritannien, Belgien und Schweden. In Deutschland gibt es bislang keine Nachweise der Glanzkrähe.

Invasive Art?

Die Glanzkrähe gilt laut CABI (2024) als typischer Generalist, wie er unter Rabenvögeln zu finden ist, sie ist anpassungsfähig, intelligent und nutzt alle möglichen pflanzlichen und tierischen Futterquellen. Die Besonderheit dieser Art ist ihre Spezialisierung an den menschlichen Lebensraum, sie lebt in großen Schwärmen und ist aggressiv. Was sie ebenfalls von den anderen Vertretern der Krähenvögel unterscheidet, ist ihre Fähigkeit, sich über lange Entfernungen auszubreiten. Sie lebt mittlerweile in 28 Ländern außerhalb des natürlichen Ver-

Attraktiv ist sie, die Glanzkrähe. Im Aussehen erinnert sie an eine kleine, schlanke und großschnäblige Mischung aus Raben- und Nebelkrähe. Foto: H.-J. Fünfstück. Oman, 26.11.2008.

Geselligkeit ist ihr Markenzeichen. Dort, wo Glanzkrähen es geschafft haben, sich dauerhaft anzusiedeln, können sie hohe Dichten erreichen. Dies kann zu unerwünschten Effekten führen. Foto: H.-J. Fünfstück. Oman, 26.11.2008.

breitungsgebiets. Sobald diese Art etabliert ist, erreicht sie hohe Siedlungsdichten in den Städten. Dort wird sie als Ernteschädling verfolgt und wirkt sich oft negativ auf die heimische Vogelwelt aus. Insbesondere kleinere Vogelarten werden gejagt, aber auch Nester von seltenen Großvögeln geplündert. In Australien wird die Art bei Auftreten sofort bekämpft. In den meisten Ländern blieben die Bekämpfungsmaßnahmen allerdings bislang ohne nennenswerten Erfolg.

Es gab sowohl Befürwortung als auch Ablehnung des Auftretens dieser Art in den Niederlanden. Letztlich haben sich die Ablehner durchgesetzt. Es gab Gutachten zur Risikobewertung im Auftrag der Regierung, welche eine Ausrottung der Art empfahlen. Im Jahr 2014 wurden zuletzt 2 Glanzkrähen in den Niederlanden gesehen. Ab 2015 gilt die Art hier als ausgerottet. Bis April 2015 wurden 26 Tiere geschossen, damals blieben noch 5 Tiere übrig. Es gibt keine weiteren Nachweise dieser Art. 2016 wurde die Glanzkrähe in die Liste der unerwünschten invasiven Arten für die EU aufgenommen.

Eigene Erfahrung mit den Glanzkrähen

Wir konnten im März 2011 die kleine Population der Glanzkrähe in Hoek van Holland beobachten. Die Vögel waren recht zahm und ließen sich füttern. Sie waren in Begleitung von Elstern und Dohlen zu beobachten. , im Erscheinungsbild zwischen Rabenkrähe und Dohle. Sie hat sich innerhalb kurzer Zeit mit dem gemäßigten Klima Mitteleuropas arrangiert und sich erfolgreich, aber nicht invasiv fortgepflanzt. Damals war noch ein Lebendfang der Tiere im Gespräch. Die Ausrottung der Art in Europa sehen wir mit gemischten Gefühlen. ❖

Literatur zum Thema

CABI 2024: Corvus splendens. *Corvus splendens* (house crow). CABI Compendium. www.cabidigitallibrary.org

IOC World Bird List 2024: Jayshrike, shrikes, crows, mudnesters, melampittas, Ifrit, birds-of-paradise – IOC World Bird List. www.worldbirdnames.org/bow/crows

Ottens G 2003: Background and development of the Dutch population House Crows (*Corvus splendens*). Limosa, 76, 69-74.

Ryall C 2016: Further records and updates of range expansion in House Crow *Corvus splendens*. Bull BOC, 136, 39-45.

Dr. Michael Braun ist Diplom-Biologe und beschäftigt sich seit seiner Jugend mit der Vogelwelt. Die Dynamik in der Natur, insbesondere neu auftretende Arten sind seine Spezialität. Über Papageien und den Asiatischen Halsbandsittich hat er promoviert, arbeitet aber seit über zwanzig Jahren im Bereich Artenschutz, Naturschutz und Umweltplanung.

Der im nördlichen Südamerika lebende Inkablaurabe *Cyanocorax yncas* gehört zu den farbenprächtigsten Rabenvögeln und ist ein Bewohner tropischer und subtropischer Wälder bis zu einer Höhe von circa 2200 m.
Foto: A. Rupp. Ecuador, 15.7.2023.

WEIT VERBREITET UND VIELFÄLTIGER ALS MAN DENKT:

Rabenvögel weltweit

Rabenvögel sind in Mitteleuropa weit verbreitet, häufig und stete Begleiter auf jeder ornithologischen Exkursion. Wir haben oft ein eher düsteres Bild von ihnen, sicher aufgrund der Gefiederfärbung der meisten Arten, der weniger detailreichen Gesänge und Rufe sowie der Nahrungssuche. Oft sehen wir Aaskrähen, Kolkraben und Elstern am Straßenrand an überfahrenen Tieren fressen oder – gleich in Scharen – Nahrung auf ansonsten langweiligen Ackerflächen suchen. Die Familie der Rabenvögel, deren Arten anhand äußerlicher Merkmale etwas subjektiv jeweils den Raben, Krähen, Dohlen, Elstern oder Hähern zugeordnet werden, ist aber weitaus vielfältiger. Einige Arten gehören zu den farbenprächtigsten Vögeln der Welt, andere leben heimlich allein oder in Familienverbänden und wieder andere brüten in großen Kolonien. Rabenvögel besiedeln die unterschiedlichsten Landlebensräume von Wüsten bis zum üppig wachsenden Regenwald, vom Hochgebirge bis zu den Küsten – und das beinahe weltweit. Unter ihnen sind auch Lebensraumspezialisten und Inselendemiten, die heute sehr selten und gefährdet sind. Viele Arten werden als Käfigvögel gehandelt und so intensiv verfolgt, dass sie im Freiland schon so gut wie ausgerottet sind.

Text von
Thomas Brandt

Die Rabenvögel der Welt – Raben, Krähen, Dohlen, Elstern und Häher – weisen eine enorme Farben-, Formen- und Verhaltensvielfalt auf. Menschen begeistern sie mit ihrer außergewöhnlichen Lernfähigkeit, ihren Gedächtnisleistungen, ihrem Sozialverhalten, ihrer Neugier und ihren imposanten Wanderungen.

Die Wiege der Rabenvögel liegt, so die aktuellen Erkenntnisse, im heutigen Australien, von wo aus die Vorfahren unserer heutigen Arten vor circa 50 Millionen Jahren den Sprung auf den eurasischen Kontinent und später über Afrika nach Südamerika bzw. über Asien nach Nordamerika schafften. Heute leben Vertreter der Corvidae fast weltweit und fehlen nur in wenigen Regionen wie der Antarktis, dem südlichen Südamerika und in Neuseeland. Hierhin breiteten sie sich nie aus oder verschwanden wieder.

Viele Arten weltweit verbreitet

Folgt man der aktuellen Systematik des „All the Birds of the World" leben heute 142 Rabenvogelarten aus 21 Gattungen auf unserem Globus. Die Gesamtartenzahl der zu den Singvögeln gehörigen Familie der Rabenvögel oder Corviden (Corvidae) variiert etwas, je nachdem, welche der taxonomischen Listen man berücksichtigt. Noch heute kommen neu entdeckte Arten dazu. Meist ist die wachsende Artenzahl auf immer genauere genetische Studien zurückzuführen, die zu der Aufspaltung einer Art in zwei oder noch mehr führen. Aus der schwarzschnäbeligen Elster *Pica pica* sind mittlerweile bis zu sechs Arten geworden, die in Europa, Asien, Nordafrika und Nordamerika verbreitet sind und sich optisch wenig oder fast gar nicht unterscheiden lassen. Vier der Taxa werden mittlerweile von allen bedeutenden Vogelartenlisten anerkannt, zwei – die Tibetelster *Pica (pica) bottanensis* und die Orientelster *Pica (pica) serica* – dagegen nicht.

Einig sind sich die Taxonomen nicht immer. Unsere in Mitteleuropa heimischen Raben- und Nebelkrähen dürfen zum Beispiel in der „Artenliste der Vögel Deutschlands V 3.2" aus dem Jahr 2019 ein Dasein als eigene Arten fristen, anders als in einem Teil der internationalen Listen, die die beiden Taxa zusammengefasst als Aaskrähe und somit als eine Art sehen.

Die „Elster" wurde nach taxonomischer Neuordnung aufgesplittet, unter anderem in die bei uns lebende und über große Teile Europas und Asiens verbreitete Elster *Pica pica*, … Foto: T. Brandt. Baltrum, 25.11.2023.

… in die an dem blauen Ohrfleck gut zu erkennende, in Nordafrika heimische Mahgrebelster *Pica mauretanica* … Foto: H. Teichmann. Souss-Massa-Draa, Marokko, 19.4.2023.

… und in die in Kanada und den USA verbreitete Hudsonelster *Pica hudsonica*. Foto: H. Teichmann. 3.6.2019

Vielleicht sogar eine eigene Art? Die kleinen Kolkraben der Kanaren gehören zur Unterart *canariensis* (oder auch *tingitanus*) einem genetisch von den anderen holarktischen Kolkrabenunterarten relativ weit entfernten Verwandtschaftszweig. Foto: T. Brandt. Fuerteventura, 4.3.2011.

Schwierige Unterscheidung: Erst 1967 wurde die Gesellschaftskrähe (im Bild ein Jungvogel) von anderen „schwarzen Rabenvögeln“ als eigene Art getrennt, obwohl sie im Südosten Australiens selbst in urbanen Räumen weit verbreitet ist.

Foto: H. Teichmann. Ingalba Nature Reserve, Australien, 13.10.2017.

Es ist also nicht möglich, eine exakte Zahl von Arten und auch von Unterarten anzugeben, zu stet ist der Wandel der wissenschaftlichen Erkenntnisse. Auch die Zuordnung der einzelnen Arten zu den übergeordneten Gattungen erfolgt nicht immer gleich. So finden sich beispielsweise unsere heimischen Dohlen zusammen mit der östlichen Elsterdohle in einigen Listen als einzige Vertreter in der Gattung *Coloeus* wieder, während die Zuordnung zur Gattung *Corvus* in anderen Vogelartenlisten noch beibehalten wird.

Die artenreichste Gattung der Familie Corvidae ist *Corvus* mit 50 Arten. Zu ihnen gehören unsere Aaskrähen, Saatkrähen und Kolkraben. Sie alle sind vornehmlich schwarz, die meisten sogar komplett schwarz, und entsprechen unserem Bild von Rabenvögeln sehr gut. Sie ähneln sich untereinander zum Teil sehr. In Australien hat es lange gedauert, bis man die dort heimischen fünf schwarzen Rabenvogelarten auseinanderdividiert hatte. Zuletzt wurde die im Südosten des Kontinents recht weit verbreitete und häufige Gesellschaftskrähe *Corcus mellori* erst im Jahr 1967 als eigene Art beschrieben. Bei den süd- und südostasiatischen, ebenfalls komplett schwarzen Dschungelkrähen (*Corvus macrorhynchos*-Gruppe) sind sich Wissenschaftler selbst heute noch nicht einig, um wie viele Arten es sich tatsächlich handelt.

Eine „echte“ Neuentdeckung

Während die zukünftige Differenzierung dieser Arten das Ergebnis genetischer Untersuchungsmöglichkeiten sein wird, gelang im August 2002 im brasilianischen Amazonas Regenwald tatsächlich eine echte Neuentdeckung: Mario Cohn-Haft sah 140 km südlich von Manaus am Rande einer savannenähnlichen Landschaft, umschlossen von Amazonasregenwald, einen Rabenvogel aus der Gruppe der in der neuen Welt weit verbreiteten Blauraben. Umso überraschender: Aus der Gegend waren großräumig überhaupt keine Rabenvögel bekannt, das Amazonasgebiet ist tatsächlich ein weitgehend weißer Fleck in der fast weltweiten Verbreitung der Rabenvögel. Erst drei Jahre später gelang Cohn-Haft unter anderem zwischen dem Rio Purús und dem Rio Madeira der erneute Nachweis des heute als Hafferblaurabe *Cyanocorax hafferi* bezeichneten Rabenvogels, benannt nach dem mehrfach mit Preisen ausgezeichneten deutschen Ornithologen und Evolutionsforscher Jürgen Haffer.

Der Meisenhäher *Perisoreus canadensis* ist bis in die Polarzone Nordamerikas verbreitet und füllt dort die ökologische Nische des verwandten, im nördlichen Europa verbreiteten Unglückshähers aus.

Foto: H. Teichmann. Denali National Park, Alaska, 4.6.2019.

Fähigkeiten zum Leben mit Eis und Schnee

Rabenvögel sind selbst in den kalten Regionen der Erde verbreitet. Unglückshäher *Perisoreus infaustus* leben in Europa und Asien noch nördlich des Polarkreises, ebenso wie Kolkraben und Elstern. Kolkraben und Hudsonelstern *Pica hudsonia* leben auch in Amerika nördlich des Polarkreises. Meisenhäher *Perisoreus canadensis* besetzen dort die Nische der ähnlichen Unglückshäher. Geschickte Vorratshaltung und Nahrungsopportunismus ermöglichen das Leben in Gegenden, die ein halbes Jahr von Eis und Schnee bedeckt sind. Ein Ausweichen in klimatisch günstigere Gebiete ist den kältetrotzenden Rabenvögeln nicht so einfach möglich, das würde einen über Hunderte oder sogar über tausend Kilometer langen Flug bedingen. Die Rabenvögel der Hochgebirge haben es dagegen leichter, denn sie können schneller dem Wetter entfliehen, indem sie einige Hundert Höhenmeter abwärtsfliegen. Kolkraben beispielsweise, die hoch in Gebirgsmassiven vorkommen und noch in über 6000 m Höhe nachgewiesen wurden, sind aber auch hier in der Lage, widrigsten Wetterbedingungen zu trotzen.

Die weitaus meisten Rabenvogelarten sind in den Tropen und Subtropen Asiens und Amerikas verbreitet. Viele der Arten leben in Wäldern, häufig in dichten Regenwäldern. Schwer zu verstehen, dass ausgerechnet der artenreiche Amazonasregenwald (wahrscheinlich) nur regional von Rabenvögeln besiedelt ist.

Typisch Rabenvogel

Was macht einen Rabenvogel aus? Typische Kennzeichen der Arten aus der Familie der Rabenvögel sind der lange, vorn geschuppte Tarsus und die Schnabelborsten. Die relativ langen Beine und der mittellange Schnabel sind dabei recht stabil gebaut.

Der größte Rabenvogel ist der auf der nördlichen Erdhalbkugel weit verbreitete Kolkrabe, gleichzeitig ist er der größte Singvogel der Welt. Nördliche Unterarten und die im Himalaja lebende Unterart können offenbar bei einer Gesamtlänge von fast 70 cm bis zu 2 kg schwer werden, andere Unterarten bringen es allerdings nicht einmal auf ein Drittel dieses Gewichtes. Der mit nur 20 bis 23 cm Gesamtlänge kleinste Rabenvogel, der in Mexiko endemische Zwerghäher *Cyanoleuca nanus*, ist mit nur 40 g dagegen ein echtes Leichtgewicht und kaum schwerer als ein Haussperling. Hinsichtlich ihrer Gefiederfärbung sind Rabenvögel so unterschiedlich, dass man kaum zu glauben vermag, dass es sich um verwandte Vögel handelt.

Die langschwänzigen Baumelstern der Gattung *Dendrocitta* sind Bewohner süd- und ostasiatischer Wälder. Das Verbreitungsgebiet der hier abgebildeten Graubrust-Baumelster *Dendrocitta formosae* erstreckt sich am weitesten nach Norden.

Foto: A. Rupp. Taiwan, 2.4.2024.

Farben- und Formenvielfalt

Das Gefieder der in Mitteleuropa weit verbreiteten Rabenvögel der Gattungen *Corvus* und *Coloeus* besteht aus Schwarz- und Grautönen; auch das Gefieder der auf anderen Kontinenten lebenden Arten dieser Gattungen ist nicht gerade farbenfroh. Dagegen gehören einige Häher und Elstern zu den buntesten Vögeln überhaupt. Aber nicht eine einzige Rabenvogelart zeigt eine kryptische Tarnfärbung. Auffällig ist, dass die eher schwarzen Raben und Krähen meist offene Lebensräume besiedeln, in denen schwarze Vögel durchaus auffallen. Man geht daher davon aus, dass die Gefiederfärbung auch eine soziale Funktion erfüllt, und ein schwarzes Gefieder ist in offenen und halboffenen Landschaften gut zu sehen. Rabenvögel mit bunten Gefiedern, wie die leuchtend grünen Baum- und Jagdelstern Südost-

Die leuchtend grünen Jagdelstern *Cissa chinensis* Südostasiens leben im Unterholz dichter Wälder.

Foto: P. Walser Schwyzer. Thailand, 19.2.2024.

In Süd- und Mittelamerika sind Vögel der arten- und farbenreichen Gattung *Cyanocorax* weit verbreitet. Der Kappenblaurabe *Cyanocorax chrysops* ist ein Bewohner subtropischer Wälder südlich des Äquators.

Foto: A. Rupp. Brasilien, 9.4.2021.

Die in Mittelamerika lebenden Weißkehl-Elsternhäher *Cyanocorax formosus* zeigen besondere Gefiederornamente, und zwar Hauben und lange Schwanzfedern. Foto: H. Teichmann. Alajuela, Eco Centro Danaus, Costa Rica, 28.11.2016.

Die in Asien vorkommenden, langschwänzigen Kittas, im Bild die auf der Insel Taiwan endemische Dickschnabelkitta *Urocissa caerulea*, gehören zu den besonders farbenprächtigen Rabenvögeln. Foto: A. Rupp. Taiwan, 2.4.2024.

asiens oder die teilweise leuchtend türkis gefärbten Blauraben Mittel- und Südamerikas, sind dagegen Bewohner mehr oder weniger dichter Wälder.

Viele Rabenvögel haben zudem besonders auffällige morphologische Kennzeichen, und zwar Hauben oder lange Schwänze. Einige, vor allem in der Neotropis lebende Arten, verdanken ihren Hauben auch ihren Namen, zum Beispiel der Krauskopf-Blaurabe *Cyanocorax cristatellus*, der Schopfblaurabe *C. dickeyi* oder auch der „Bushy-crested Jay" (Hartlaubblaurabe *Cyanocorax melanocyaneus*).

Besonders lange Schwänze haben die mit fünf Arten in Asien verbreiteten Kittas, die ebenfalls in Asien beheimateten Baumelstern, aber auch unsere heimischen Elstern nebst Verwandtschaft. Die in Mittelamerika lebenden Weißkehl- und Schwarzkehl-Elsternhäher *Calocitta formosa / C. colliei* sind sogar mit ausgeprägten Hauben und sehr langen Schwanzfedern ausgestattet. Eines haben die Rabenvögel hinsichtlich der Gefiederfärbung und ihrer Gefiederornamente gemeinsam: Beide Geschlechter sind sehr ähnlich gefärbt und tragen, sofern vorhanden, auch den gleichen Gefiederschmuck.

Extreme Lebensräume erfordern extreme Anpassungen. Erdhäher wie der Saxaulhäher *Podoces panderi* sind hervorragend an die Nahrungssuche auf dem Boden der zentralasiatischen Steppen und Halbwüsten angepasst. Foto: H. Teichmann. Usbekistan, 8.5.2024.

Eine spezielle Anpassung an die gehölzarmen Steppen, Wüsten und Halbwüsten Zentralasiens zeigen die vier Erdhäherarten der Gattung *Podoces*, die den typischen Rabenvögeln nicht sehr ähnlich sehen. Sie sind morphologisch an eine bodengebundene Lebensweise angepasst. Mit ihren langen Beinen sind sie hervorragende Läufer und ihr kräftiger, gebogener Schnabel ermöglicht ihnen bestens, im Boden nach Nahrungstieren zu stochern. Eine fünfte Art mit dem noch heute gültigen wissenschaftlichen Namen *Pseudopodoces humilis*, die früher als Höhlenhäher bezeichnet wurde und als kleinster Corvide weltweit galt, wird nach Ergebnissen molekularer Untersuchungen seit 2003 als Tibetmeise (englisch die Lebensweise bezeichnender: Ground Tit) zu den Meisen (Paridae) gerechnet.

Nahrungsopportunismus

Die meisten Rabenvögel sind Nahrungsopportunisten und -generalisten. Ihr Speiseplan ist breit aufgestellt und besteht je nach Verfügbarkeit sowohl aus pflanzlicher als auch aus tierischer Kost. Weder ein Eichelhäher noch ein Tannenhäher, beide sind bei uns eher als Nutzer von Eicheln, Nüssen oder Zapfensamen bekannt, verschmäht Insekten, kleine Wirbeltiere, ein

Gelege anderer Vögel oder gar Jungvögel. Und auch an Aas laben sich viele Arten und erfüllen somit eine durchaus wichtige Funktion im Naturhaushalt, weil sie die von Kadavern ausgehende Ausbreitungsgefahr von Seuchen und Krankheiten vermindern. Viele der hoch im Norden lebenden Kolkraben und Elstern ernähren sich im Winter fast ausschließlich von Aas, das an Flussufern und Küsten angespült wird und auf dem schmalen vom (Salz-)Wasser eisfrei gehaltenen Streifen entlang der Gewässer einfach zu finden ist. Andere ernähren sich von den Nahrungsresten großer Beutegreifer wie Wölfe oder Eisbären.

An den Menschen angepasst

Die Anpassung an oder zumindest die Toleranz einiger Rabenvogelarten gegenüber den Menschen führt dazu, dass die meisten Menschen Rabenvögel kennen. Saatkrähenkolonien in Wohngebieten haben schon zu ausufernden Konflikten geführt, Elstern bauen ihre kugeligen Nester in der Spitze von Großstadtbäumen und Dohlen brüten unter anderem in Schornsteinen oder auf Dachböden. Manchmal führen die Anpassungen der Rabenvögel an den Menschen auch zu skurrilen Ereignissen. Kaum ein Vogelbeobachter, der in Texas unterwegs war, hat bis vor wenigen Jahren nicht auch die Tamaulipaskrähen *Corvus imparatus* gesucht, und zwar auf der Mülldeponie in Brownsville im äußersten Südosten des amerikanischen Bundesstaats. Selbst in dem Spielfilm „The Big Year“ (in Deutschland: „Ein Jahr vogelfrei“), in dem die Birderszene auf liebenswerte Art erzählt und auch auf die Schippe genommen wird, wird ihnen eine kleine Rolle zuteil. Die Deponie war die einzige zuverlässige Möglichkeit, diese ansonsten ausschließlich in einem kleinen Gebiet im äußersten Nordosten Mexikos lebende Vogelart auf dem Territorium der USA zu sehen. An der Anmeldung der Mülldeponie war man gut auf die Birder vorbereitet. Diese wurden aus dem Wärterhäuschen heraus nett empfangen, bekamen einen Übersichtsplan über die Deponie mit der Info, wo man die Vögel sehen kann, und ernteten ein selbstverständliches bis mitleidiges Lächeln – bevor sie (im Sommer bei über 40 °C!) an den übelriechenden Müllbergen entlang auf eigene Faust auf Krähensuche gehen konnten. Die Tamaulipaskrähen lebten hier neben zahlreichen anderen Vögeln, vor allem Massen von Möwen, Großschwanzgrackeln *Quiscalus mexicanus*, Raben- und Truthahngeiern *Coragyps atratus* / *Cathartes aura* sowie auch – also aufgepasst – ebenfalls schwarzen Mexikoraben *Corvus crytoleucus*, auf und von dem Müll. Die Tamaulipaskrähen des „Mount Trashmore“, die Tausende Vogelbeobachter auf einer stinkenden Müllkippe glücklich machten, sind hier heute allerdings nicht mehr so sicher anzutreffen – die letzten E-Bird-Einträge stammen aus dem Jahr 2021.

Rabenvögel sind bei der Nahrungssuche opportunistische Sammler und nutzen auch Aas, wie hier ein unausgefärbter, immaturer Erzrabe *Corvus crassirostris*, der an einer überfahrenen Zibetkatze *Civettictis civetta* frisst.

Foto: H. Teichmann. Äthiopien, 16.1.2019.

ANZEIGE

Reisen von Ornithologen für Ornithologen

KOLUMBIEN-REISEN 2025

Seit 12 Jahren bieten wir professionelle und sichere Touren, geführt von den besten lokalen Birdguides unserer Partner, in verschiedene Faunenregionen des bio-diversen Andenlandes!

ZAUBERHAFTE VOGELWELT IN KOLUMBIEN

Zauberhafte Vogelwelt im Norden zwischen Karibik und venezolanischer Grenze

Endemische Vogelarten im höchsten Küstengebirge der Welt bis zum Purpurkardinal (Foto) und der Sierra-Nevada-Ameisenpitta

Foto: A. Rupp

Termin: 6. bis 21. März 2025
Frühbucherpreise bis 15.9.2024 – nur noch 2 Doppel- & 1 Einzelzimmer verfügbar!

Hier sind November/Dezember 2024 noch wenige Plätze/Zimmer verfügbar:

1 ... nach ARGENTINIEN (zur Vogelwelt zwischen Yunga, Puna und Altiplano; 3 Flamingo-Arten!) 1 Zimmer – vom 9. bis 25. Nov.

2 ... nach TAIWAN (alle 35 Endemiten der Insel möglich). Nur 2 DZ und 1 EZ verfügbar Termin 18. Nov. bis 2. Dez.

3 ... und nach MADAGASKAR (endemische Vogelwelt und Lemuren auf der viertgrößten Insel der Welt) wieder (!) 2 Zimmer – vom 29. Nov. bis 19. Dez. (mit opt. Verlängerung bis 24.12.)

Restlos ausgebucht sind: Peru, Kolumbien, Ecuador, Bolivien, Brasilien-Pantanal Herbst 2024 sowie Mexiko-Pazifküste im Januar 2025 ...

Zu Gast bei den Choc'o-Endemiten in den Mittleren Anden mit Araucana-Lodge

Grandioses Erlebnis in den Nebelwäldern der Choco-Region mit um die 50 Kolibri-, bis zu 8 Ameisenpitta-arten, Tukan-Bartvögel (Foto) und anderen mehr...

Foto: A. Rupp

Termin: 7. bis 22. September 2025
Noch 2 Doppel- und 2 Einzelzimmer verfügbar!
Frühbucherpreise bis 30.11.2024!

NEUE REISEANGEBOTE 2025 ONLINE

www.bartmeise.de

Der Akazienhäher *Zavattariornis stresemanni* kommt nur in einem sehr kleinen Gebiet im südlichen Äthiopien vor. Die Art ist weltweit stark gefährdet. Foto: H.-J. Fünfstück. Yabello, Äthiopien, 21.2.2009.

Bedrohte Arten

Einige der Rabenvögel sind vom Aussterben bedroht oder zumindest gefährdet. Die einstmals in den Wäldern der hawaiianischen Inseln weit verbreitete und dort häufige Hawaiikrähe *Corvus hawaiiensis* existiert laut Angaben von BirdLife International heute gar nicht mehr im Freiland. Zunächst führten Lebensraumvernichtung und die intensive Verfolgung durch Menschen zu einem rapiden Rückgang und schließlich der Verlust durch eingeführte Prädatoren und Krankheiten zu ihrem offiziellen Aussterben. Die beiden letzten bekannten Vögel konnten im Jahr 2002 nicht mehr gefunden werden. Glücklicherweise gibt es eine Gehegepopulation und auch Bemühungen, die Art wieder in ihrer Heimat anzusiedeln. Diese haben bislang jedoch leider nicht zum Erfolg geführt.

Andere Arten stehen kurz vor dem Aussterben. Der massive Vogelfang für die Käfighaltung in Indonesien bringt die auf der Insel Java endemische Javabuschelster *Cissa thalassina* an den Rand des Aussterbens. Die Art wird wohl in Kürze das Schicksal der Hawaiikrähe teilen. Vielleicht tut sie das auch schon, denn mit einer (stabilen) freilebenden Population Javabuschelstern ist auf der dicht besiedelten Insel Java kaum noch zu rechnen; die letzten Nachweise stammen aus dem Jahr 2014. Ein trauriges Schicksal übrigens, dass aktuell auch andere Vogelarten der indonesischen Insel ereilt (FALKE 2020, H.1). Ein Großteil der heute gehaltenen und schwer nachzüchtbaren Javabuschelstern befindet sich aktuell im 2001 gegründeten Cikananga Wildlife Center auf Java, einer gemeinnützigen Organisation zum Erhalt der indonesischen Tierwelt, von wo aus auch einige Vögel zur Zucht nach Europa gebracht wurden.

Zwei weitere Inselendemiten sind laut BirdLife International weltweit vom Aussterben bedroht – die 2007 auf der Insel Peleng, der größten der Banggai-Inseln, wiederentdeckte Banggaikrähe *Corvus unicolor* und die von der Braunen Nachtbaumnatter *Boiga irregularis* sowie von Hauskatzen stark prädierte und ausschließlich auf der Insel Rote lebende Guamkrähe *C. kubaryi*.

Andere Arten sind aufgrund ihres kleinen Verbreitungsgebietes, in dem die Vernichtung der Lebensräume heftig zu Buche schlägt, stark gefährdet. Dazu gehören die auf den indonesischen Inseln Flores und Rinca mit nur noch wenigen hundert Individuen lebende Floreskrähe *Corvus florensis*, die auf der chinesischen Insel Hainan lebende Graubauchkitta *Urocissa whiteheadi*, der Akazienhäher *Zavatteriornis stresemanni* aus dem Hochland des südlichen Äthiopiens und die ausschließlich im Hochland Saudi-Arabiens lebende Asirelster *Pica asirensis*, von der laut BirdLife International gerade einmal noch 100 Brutpaare existieren sollen.

Es bleibt zu hoffen, dass die Vielfalt der Rabenvögel in Zukunft nicht weiter schwinden wird. ✣

Literatur zum Thema

Baker J M, Ovine K E 2006: Canary Island Ravens *Corvus corax tingitanus* have distinct mtDNA. Ibis 148: 174-178.

Barthel P, Barthel C, Bezzel E et al 2020: Deutsche Namen der Vögel der Erde. Vogelwarte 58: 1-214.

Bastian A, Bastian H-V 2020: Indonesiens Ausverkauf der Vogelwelt. Falke 67 (1): 7-11.

Brewer D 2018: Birds new to science. Fifty years of avian discoveries. Christopher Helm, London.

Cohn-Haft M, Santos M A, Fernandes A M, Ribas C C 2013: A new species of *Cyanocorax* jay from savannas in the central Amazon. In: Del Hoyo et al, Handbook of the Birds of the World. Special Volume, Barcelona.

Del Hoyo J 2020: All the birds of the World. Barcelona.

Madge S, Burn H 1994: Crows and Jays. Christopher Helm, London.

Obmascik M 2003: The Big Year: A Tale of Man, Nature, and Fowl Obsession.

BirdLife International 2024: Factsheet Hawaiian Crow *Corvus hawaiiensis*. http://datazone.birdlife.org/species/factsheet/22706052 (abgerufen am 30.06.2024). Auf der Internetseite von BirdLife International sind auch Angaben zu anderen bedrohten Arten zu finden.

Thomas Brandt ist Diplombiologe und Diplomingenieur für Umweltsicherung. Seit 2001 ist er Mitglied in der Fachredaktion von DER FALKE. Hauptberuflich arbeitet er als wissenschaftlicher Leiter der Ökologischen Schutzstation Steinhuder Meer (ÖSSM e.V.). Seit September 2017 ist er ehrenamtlicher Vorsitzender der Niedersächsischen Ornithologischen Vereinigung (NOV).

Erst vor wenigen Jahren wurde die Blauelster von der ostasiatischen Zwillingsart, der Azurelster *Cyanopica cyanus*, abgetrennt. Foto: H.-J. Fünfstück. Portugal, 29.3.2016.

Ein adulter Kolkrabe im Yellowstone-Nationalpark. Mit Territorialrufen macht er auf sein Revier aufmerksam.
Yellowstone-Nationalpark, 17.10.2019.

EINE BESONDERE BEZIEHUNG?

Kolkraben und Wölfe

Sowohl in der Mythologie als auch in der Wissenschaft wurde Kolkraben und Wölfen häufig eine besondere Beziehung zueinander nachgesagt. Wissenschaftler vermuteten, dass Kolkraben im Winter Wölfen häufig folgen, um von deren Rissen zu fressen. Diese Annahme konnte jedoch nicht in dieser Form bestätigt werden. Unbestritten jedoch bleibt die Tatsache, dass Kolkraben öfter an Wolfsrissen fressen als an Rissen von Pumas, wenn beide im selben Gebiet leben. Es konnte nur äußerst selten beobachtet werden, dass Kolkraben den Beutegreifern über längere Strecken folgen. Selbst im riesigen Yellowstone-Nationalpark fliegen Kolkraben stattdessen fast täglich zu Mülldeponien und anderen menschlichen Hinterlassenschaften außerhalb des Schutzgebiets. Vermutet wird allerdings, dass Kolkraben lernen können, in welchen Gebieten häufig Wölfe beziehungsweise deren Risse zu finden sind – möglicherweise sind diese eine willkommene Alternative zum „Fastfood" der Mülldeponien. Solche und weitere Fragen werden im Rahmen eines Forschungsprojekts seit 2019 im Yellowstone-Nationalpark untersucht.

Text und Fotos von
Matthias-Claudio Loretto

Seit jeher beflügeln einige Tierarten die Fantasie der Menschen; das Verhältnis zu diesen ist jedoch durchaus ambivalent. Interesse und Bewunderung, aber auch Furcht und Hass prägen Geschichten und Legenden. Selbst in der heutigen Zeit überlagern starke Emotionen positiver oder negativer Art sachliche Diskussionen auf Basis wissenschaftlicher Erkenntnisse, wenn sich beispielsweise Kolkraben oder gar Wölfe in unserer Kulturlandschaft blicken lassen. Doch wie steht es nun um die Beziehung dieser beiden Arten zueinander?

Von Mythologie...

Der Sage nach begleiten zwei Kolkraben und zwei Wölfe den nordischen Gott Odin. Die beiden Kolkraben, Hugin („der Gedanke") und Munin („die Erinnerung"), schickt Odin bei Tagesanbruch aus, damit sie über die Erde fliegen und ihm nach ihrer Rückkehr Neuigkeiten berichten. Die Wölfe, Geri („der Gierige") und Freki („der Gefräßige"), müssen die Speisen verzehren, die dem Gott gebracht werden, da sich dieser nur von Met ernährt. Ob Hugin und Munin den beiden Wölfen gelegentlich ein Futterstückchen stibitzen, um es selbst zu fressen, ist jedoch nicht überliefert.

... zur Wissenschaft

In der Natur kann man jedenfalls beobachten, dass Kolkraben meist nicht weit sind, wo es Wölfe und vor allem Wolfsrisse gibt. Bereits in den 1960er-Jahren beobachteten Wolfsforscher, dass Kolkraben gelegentlich mit Wölfen mitfliegen oder deren Spuren im Schnee folgen. Als die Forscher Wolfsgeheul imitierten, um Wölfe anzulocken, bemerkten sie, dass auch Kolkraben neugierig angeflogen kamen. Mitte der 1990er-Jahre wurden Wölfe im Yellowstone-Nationalpark wiederangesiedelt. Es stellte sich bald heraus, dass sich dieses Gebiet – wie weltweit nur wenige – als äußerst geeignet erwies, Wölfe, die häufig in Begleitung von Kolkraben waren, zu beobachten. Begeisterte Laien wie auch Fachleute stellten Überlegungen über die Beziehung zwischen Wölfen und Kolkraben an und kreierten die unterschiedlichsten Vorstellungen. So meinten einige, es gäbe Kolkraben, die sich in einer Weise auf Wölfe spezialisierten, dass sie fast schon wie Parasiten von deren Nahrung lebten, andere wiederum stellten sich eine Symbiose zwischen den beiden Arten vor, ein Zusammenleben also, aus dem beide Nutzen ziehen. Solche Ideen und andere Geschichten wurden bald als angebliches Wissen verbreitet. So wurde beispielsweise erzählt, dass Kolkraben Wölfe auf Beutetiere aufmerksam machten oder dass sie an Wolfsbauen auf die jungen Wölfe aufpassten. Doch was steht tatsächlich hinter diesen Geschichten? Brauchen diese Arten einander oder haben sich Kolkraben einfach darauf spezialisiert, Wölfe oder auch andere Beutegreifer als Nahrungsproduzenten zu nutzen?

Forschungsprojekt im Yellowstone-Nationalpark

Im Yellowstone-Nationalpark werden das Verhalten und die Ökologie von Wölfen seit Mitte der 1990er-Jahre – seit Mitte der 2010er-Jahre übrigens auch von Pumas – umfassend untersucht. Jedes Jahr werden einige dieser Tiere gefangen, mit GPS-Halsband versehen und wieder freigelassen, um ihre Bewegungsmuster zu untersuchen, deren Risse zu finden und Beutetiere zu identifizieren. Darüber hinaus wird mit großem Aufwand nach toten Huftieren im Studiengebiet gesucht und deren Todeszeitpunkt sowie Todesursache (zum Beispiel Prädation, Krankheit, Altersschwäche, Verletzung) eruiert. Dieses Langzeitprojekt stellt optimale Voraussetzungen dar, um parallel dazu das Verhalten der in diesem Gebiet zahlenmäßig häufigsten Aasfresser, den Kolkraben *Corvus corax*, zu untersuchen. Im Rahmen eines Grundlagenforschungsprojekts, finanziert durch das EU-Programm für Forschung und Innovation Horizon 2020, das Max-Planck-Institut für Verhaltensbiologie in Radolfzell und die National Geographic Society, wurden seit 2019 mehr als 70

Eine Gruppe von Kolkraben frisst an den Überresten eines toten Wapitis. Gerade im Winter sammeln sich oft große Gruppen von Kolkraben und anderen Aasfressern an Kadavern von Huftieren. Montana, 29.11.2019.

Kolkraben im Yellowstone-Nationalpark oder in dessen Nähe mit GPS-Sendern ausgestattet. Gefangen wurden die Kolkraben gewöhnlich im Winter mit einer Art Kanonennetz. Da sich diese intelligenten Tiere nur schwer austricksen lassen, stellt deren Fang meist eine besondere Herausforderung dar. Kolkraben sind zwar einerseits durchaus neugierig, andererseits aber auch stark neophob, dies bedeutet, dass sie sich vor neuen Dingen fürchten und auf kleinste Änderungen oder auf Ungewöhnliches heftig reagieren. In Gebieten, in denen Kolkraben lange Zeit vom Menschen durch Abschuss und Vergiftung intensiv verfolgt wurden, wie beispielsweise in Mitteleuropa oder in Neuengland in den USA, ist dieses Verhalten besonders stark ausgeprägt. Im Yellowstone-Nationalpark sind Kolkraben zwar vor Verfolgung durch den Menschen geschützt, allerdings werden sie außerhalb des Schutzgebiets teilweise bejagt und neuerdings auch an einer Mülldeponie in Wyoming, USA, mit behördlicher Bewilligung im großen Stil vergiftet – ob Letzteres an geistigen oder ethischen Rückschritten der Gesellschaft liegt, sei dahingestellt. Doch auch an den natürlichen Nahrungsquellen, wie Kadavern, müssen sie stets vorsichtig sein, um nicht selbst einem Adler oder Wolf zum Opfer zu fallen. Das spricht klar gegen die naturromantischen Vorstellungen eines friedlichen Zusammenlebens von Kolkraben und Wölfen zum gegenseitigen Nutzen.

Dieses territoriale Kolkrabenweibchen wurde mit einem GPS-Sender ausgestattet und zum individuellen Erkennen bei direkten Beobachtungen mit Farbringen markiert. Yellowstone-Nationalpark, 4.12.2019.

Für das Fangen ist es jedenfalls hilfreich, wenn andere weniger vorsichtige Aasfresser, wie beispielsweise Elstern, am Lockfutter fressen, da Kolkraben damit schneller ihre Neophobie überwinden. Zudem ist es wichtig, dass das Lockfutter zum Kontext passt – zum Beispiel überfahrene Tiere am Straßenrand und Speisereste bei Mülltonnen, aber nicht umgekehrt, sonst reagieren Kolkraben schnell skeptisch.

Kolkraben an einer Müllsammelstelle außerhalb des Yellowstone-Nationalparks. Vor allem bei Nahrungsknappheit, oft aber auch ganzjährig nutzen Kolkraben von Menschen geschaffene Nahrungsquellen. Montana, März 2022.

Wanderbewegungen der Kolkraben

Die Wanderbewegungen von Kolkraben unterscheiden sich stark zwischen den ganzjährig territorialen Paaren (oft auch Brüter genannt) und den nomadischen Nichtbrütern. Damit Kolkraben zu Brütern werden, müssen sie zunächst geschlechtsreif sein (ab drei bis vier Jahren), einen geeigneten Partner finden und ein Territorium etablieren. In Gegenden hoher Populationsdichte wie zum Beispiel in den Alpen kann es daher oft viele Jahre dauern, bis ein Kolkrabenpaar ein geeignetes, noch unbesetztes Gebiet findet und tatsächlich territorial werden kann. Die Größe eines Territoriums wird in der Literatur meist mit etwa 10 km^2 angegeben mit der Annahme, dass sich Kolkraben die meiste Zeit in diesem Bereich aufhalten.

Für diese Studie konnte erstmals eine größere Anzahl an Brütern mit GPS-Sendern ausgestattet werden. Die erhobenen Daten bestätigten in etwa die oben genannte Größe der Territorien für den Sommer. Im Winter jedoch nutzen Brüter ein Vielfaches dieses Gebiets, fliegen oft zu Nahrungsquellen, die bis zu über 50 km, teilweise sogar über 100 km entfernt liegen, kehren aber meist am selben Tag wieder zu ihrem Schlafplatz im Territorium zurück.

Für Nichtbrüter konnten, wie in früheren Studien, große Unterschiede hinsichtlich der Raumnutzung bestätigt werden, allerdings in einer noch größeren Dimension im Vergleich zu bisherigen Studien. Oft gibt es Wechsel zwischen stationären Phasen in einem relativ kleinen Gebiet und extrem mobilen Phasen über riesige Flächen. Bisher können diese Wechsel weder durch Alter, Geschlecht noch durch die Jahreszeit erklärt werden. Man kann also nicht vorhersagen, ob sich ein Nichtbrüter für wenige Stunden, Tage, Monate oder gar länger im Umkreis von ein paar Kilometern einer Mülldeponie aufhält oder schon am nächsten Tag Hunderte Kilometer weiterfliegt. Zwei Kolkraben wanderten im Laufe der Zeit über 750 km in den Norden nach Kanada, wo sie sich aufhielten, bis die Sender nicht mehr funktionierten oder die Vögel starben.

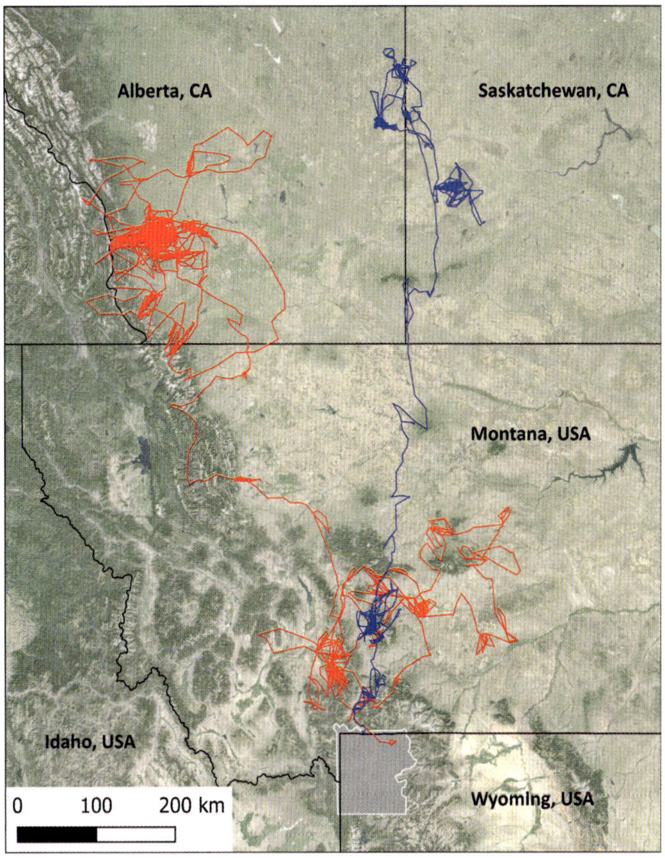

Über 70 Kolkraben wurden im Yellowstone-Nationalpark (grau markierte Fläche) oder dessen Nähe mit GPS-Sendern ausgestattet. Über viele Monate hinweg flogen zwei Kolkraben mehr als 750 km nach Norden (Flugrouten in rot und blau).

Einfluss von Wölfen und Pumas

In dieser Studie konnten erstmals direkt die Bewegungen von GPS-besenderten Wölfen, Pumas und Kolkraben im selben Gebiet verfolgt werden. Vor allem einige der Nichtbrüter unter den Raben nutzten Gebiete, die um ein Vielfaches größer als die Territorien der Wölfe oder Pumas waren. Im Durchschnitt verbrachten die Kolkraben relativ wenig Zeit (weniger als 1 % der GPS-Positionen) in unmittelbarer Nähe der besenderten Beutegreifer. Allerdings gab es einzelne Kolkraben, die zum Beispiel im Zeitraum eines Monats ein Wolfsrudel mehrfach aufsuchten. Insgesamt wurden Wölfe eindeutig öfter aufgesucht als Pumas und an Wolfsrissen öfter gefressen als an Rissen der Großkatzen.

Ein Kolkrabenpaar bei der gegenseitigen Gefiederpflege. Kolkraben leben die ersten Jahre als Nichtbrüter in Gruppen unterschiedlicher Größe. Frühestens mit vier Jahren, oft auch deutlich später, sind sie in der Lage, mit einem Partner ein Territorium zu etablieren und sich fortzuplanzen. Grünau, Österreich, Februar 2016.

Zwischendurch nutzten Kolkraben auch andere Nahrungsquellen, die im Durchschnitt 40 km (maximal 326 km) entfernt waren. Über einen Zeitraum von zweieinhalb Jahren konnte nur einmal beobachtet werden, dass ein Kolkrabe und ein Wolf mindestens zwei Stunden lang in kurzem Abstand voneinander eine längere Strecke zurücklegten (in diesem Fall 4 km). Diese Beobachtung beweist zwar nicht, dass der Kolkrabe dem Wolf gefolgt wäre oder umgekehrt der Wolf dem Kolkraben, sie zeigt jedoch, dass es grundsätzlich möglich ist, dass ein Kolkrabe einem Wolf folgt, dass dies aber sicherlich nicht so häufig vorkommt, wie in populärwissenschaftlicher Literatur kolportiert.

Besonders bemerkenswert waren stattdessen einige Flugrouten von Nichtbrütern, die bis zu 170 km fast geradlinig an einem Tag zurücklegten und bei einem Kadaver landeten. Es ist sehr unwahrscheinlich, dass Kolkraben über solche Distanzen einen Kadaver riechen können. Bekannt ist aber, dass Kolkraben sich abends an Schlafplätzen versammeln und am nächsten Morgen kann es durchaus vorkommen, dass Kolkraben anderen Artgenossen zu einer Futterquelle folgen, die diese schon besucht haben. Dass dies über solche Distanzen

geschieht, kann man jedoch ausschließen, zumal es sich teilweise um Kadaver handelt, die am Vortag noch gar nicht vorhanden waren. Auffällig war stattdessen, dass solche Flugrouten in Gebiete führten, in denen schon seit vielen Jahren die höchste Dichte an Beutegreifern und somit auch an Rissen vorhanden ist. Die Vermutung liegt also nahe, dass Kolkraben im Laufe der Zeit lernen, in welchen Gebieten häufig Beutegreifer und somit Kadaver zu finden sind, und sie immer wieder auf gut Glück in diese Gebiete fliegen. In der relativ offenen Landschaft mit einer großen Anzahl an Kolkraben und anderen Aasfressen wird so gut wie jedes größere tote Tier innerhalb von Minuten bis Stunden von diesen Tieren gefunden. Je mehr Aasfresser sich an einem Kadaver aufhalten, umso eher werden durch deren Anwesenheit und Lautäußerungen weitere Aasfresser angelockt.

Der Unterschied zwischen der Nutzung von Wolfs- und Pumarissen lässt sich vermutlich durch deren unterschiedliche Lebensraumnutzung und Jagdstrategie erklären: Wölfe, die in diesem Gebiet meist in der offenen Landschaft und teils in sehr großen Rudeln jagen, sind dabei verhältnismäßig auffällig. Pumas hingegen sind als Lauerjäger stets allein (außer es handelt sich um eine Mutter mit Jungen) und jagen eher in bewaldeten Bereichen. Zudem versuchen sie ihre Beutereste zu verstecken, indem sie sie beispielsweise mit Gras und Zweigen bedecken. Somit widerlegen diese Ergebnisse die naturromantischen Vorstellungen von einer Symbiose zwischen Kolkraben und Wölfen wie auch die Vorstellung, dass Kolkraben diesen Beutegreifern regelmäßig folgten. Allerdings kann sehr wohl eine gewisse Spezialisierung von Kolkraben auf das von Wölfen produzierte Nahrungsangebot festgestellt werden. Vermutlich sind Kolkraben zu opportunistisch und flexibel, um sich nur auf eine Art des Nahrungserwerbs zu spezialisieren.

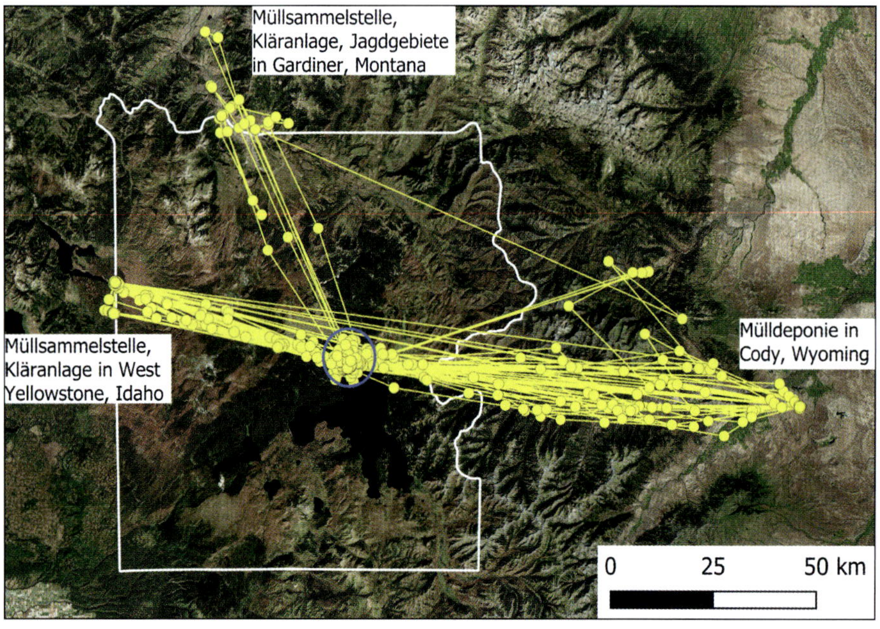

Die GPS-Punkte und interpolierten Flugrouten eines männlichen Kolkraben über mehrere Monate im Winter. Der blaue Kreis in der Mitte markiert in etwa das Gebiet, welches von diesem Kolkraben als Brüter im Sommer genutzt wurde. Im Winter flog dieser Kolkrabe fast täglich zu anthropogenen Nahrungsquellen bis zu 100 km von seinem Territorium entfernt.

Einfluss der Menschen

Trotz der Größe des Yellowstone-Nationalparks (mit knapp 9000 km²), der geringen Dichte an menschlichen Siedlungen im Umland und weiterer Schutzgebiete im sogenannten „Greater Yellowstone Ecosystem“ scheinen die von Menschen geschaffenen Nahrungsquellen (wie etwa Mülldeponien, Kläranalagen oder Überreste und Eingeweide von erlegten Wildtieren in beliebten Jagdgebieten außerhalb des Nationalparks) einen viel stärkeren Einfluss auf das Verhalten der Kolkraben zu haben als die Risse von Wölfen und Pumas zusammen. Darüber hinaus wissen Kolkraben sehr genau, wo diese anthropogenen Nahrungsquellen zu finden sind. Erstaunlicherweise fliegen im Winter viele Kolkraben, die ihr Territorium im Nationalpark haben, fast täglich zielstrebig zu diesen Nahrungsquellen außerhalb des Schutzgebietes. Dabei entfernen sie sich bis zu über 100 km von ihrem Revier.

Kolkraben und Wölfe, aber auch andere Aasfresser können oft gemeinsam an Kadavern beobachtet werden. Statt ruhig nebeneinander zu fressen, ist dies jedoch ein spannendes Wechselspiel mit innerartlicher und zwischenartlicher Konkurrenz. Der Stärkere verjagt den Schwächeren, aber der Schwächere ist oft schneller, ausdauernder und vielleicht klüger, sodass schlussendlich viele etwas abbekommen. Yellowstone-Nationalpark, 5.12.2019.

Nichtbrüter legen dabei oft noch größere Strecken zurück und wechseln häufig zwischen diesen unnatürlichen Nahrungsquellen. Insgesamt kann man davon ausgehen, dass sämtliche Kolkraben in diesem Gebiet eine oder mehrere anthropogene Nahrungsquellen kennen und zumindest über bestimmte Lebensphasen intensiv nutzen. Grundsätzlich ist dies keineswegs eine neue Entwicklung, denn durch Isotopenanalysen aus Knochen von Ausgrabungen konnte gezeigt werden, dass Kolkraben bereits vor 30 000 Jahren in der Nähe von Menschen und Wölfen gelebt und deren produzierte Nahrung gefressen haben. In den letzten Jahrzehnten nahm die anthropogene Nahrung jedoch rasant zu, befeuert durch zunehmende menschliche Populationsdichte und Aktivitäten wie Verkehr und Tourismus besonders in der Nähe von Schutzgebieten. Große Mülldeponien locken ganzjährig viele Kolkraben und andere Tiere an und führen zumindest lokal zu ökologischen Veränderungen wie beispielsweise erhöhte (Nest-)Prädation bestimmter Arten. Inwiefern sich das über größere Flächen auswirkt, muss jedoch noch genauer erforscht werden, wobei große Kolkrabendichten meist nur in unmittelbarer Nähe anthropogener Nahrungsquellen zu finden sind.

Vergleich mit Kolkraben und anderen Aasfressern in Mitteleuropa

Im Allgemeinen sind die Ergebnisse dieses Projekts durchaus vergleichbar mit Forschungsergebnissen in Mitteleuropa, jedoch mit zwei wesentlichen Unterschieden: Erstens ist die Bevölkerungsdichte der Menschen und somit die Dichte an anthropogenen Nahrungsquellen in Mitteleuropa deutlich höher als im „Greater Yellowstone Ecosystem". Daher müssen Kolkraben in Mitteleuropa nicht so weit fliegen, um die nächste anthropogene Nahrungsquelle zu finden. Zweitens ist die Dichte an großen Kadaven in Mitteleuropa geringer. Die großen Beutegreifer breiten sich erst langsam wieder aus und kommen, so sie überhaupt vorhanden sind, trotz hoher Dichte an Huftieren (zum Beispiel Rothirsche, Rehe, Gämsen), meist in geringer Anzahl vor. Die Huftiere wiederum unterliegen in den meisten Gebieten intensivem Wildtiermanagement, das heißt, die meisten Huftiere werden vom Menschen aus der Natur entnommen, bevor sie eines natürlichen Todes sterben. Selbst Kadaver aus Wildunfällen werden meist über die Tierkörperverwertung entsorgt, anstatt in die Natur zurückgebracht. Folglich kann man davon ausgehen, dass im Winter Kolkraben und andere Aasfresser wie Krähen oder Füchse noch stärker von anthropogenen Nahrungsquellen abhängen als diese oder verwandte Arten im „Greater Yellowstone Ecosystem". Verschiedene „Rewilding"-Projekte sowie ein laufendes Projekt zur Aasanreicherung in deutschen Nationalparks können hier etwas entgegenwirken. Insgesamt ist die Natur in Mitteleuropa jedoch noch wesentlich stärker vom Menschen beeinflusst und reguliert als im Studiengebiet dieses Projekts. ❖

Matthias-Claudio Loretto, PhD, ist Assistenzprofessor am Forschungsinstitut für Wildtierkunde und Ökologie an der Veterinärmedizinischen Universität Wien. Seine Forschungsschwerpunkte liegen im Bereich Bewegungsökologie und Verhaltensbiologie. 2019 startete er das hier beschriebene Projekt – damals am Max-Planck-Institut für Verhaltensbiologie in Radolfzell am Bodensee.

Kolkraben sammeln sich an einem gerissenen Wapiti. Während einige Wölfe bereits sattgefressen sind und zum Verdauungsschlaf übergehen, wagen sich die ersten Raben zum frischen Kadaver. Yellowstone-Nationalpark, 2.3.2020.

Eine Tüpfelhyäne an einem Giraffenskelett. Als Knochenbrecher wird sie von den Mitnutzern eskortiert: von bis zu acht Schildraben *Corvus albus*. Etosha-NP, Namibia, 17.1.2019

Rabenvögel und Aasökologie

Rabenvögel nutzen ein breites Spektrum an pflanzlicher und tierischer Nahrung und gelten als Allesfresser. Aber das täuscht: Sie können nicht besonders gut wenig nahrhaftes Pflanzenmaterial nutzen, ebenso wie viele andere Vögel (Ausnahmen finden wir bei Gänse- und Entenarten sowie Raufußhühnern mit speziellen physiologischen und morphologischen Anpassungen für die Verdauung von sehr faserreicher Nahrung). Was aber ganz sicher zum festen Bestandteil des Speiseplanes vieler Rabenvogelarten zählt, ist Aas. Um sich diese Nahrungsquelle zu erschließen, ist unter anderem auch ihre sprichwörtliche Intelligenz gefragt.

Text und Fotos von
Dieter Haas

Der Kolkrabe besiedelt arktische Gebiete auch im Winter, wobei er bei extremen Wetterlagen überwiegend von animalischer Kost lebt. In südlichen Regionen und im nördlichen Sommer kann pflanzliche Nahrung dagegen rund 50 % ausmachen, wobei die Anteile je nach der verfügbaren Nahrung noch stark variieren können. Wo vorhanden, nutzt er ausgiebig zusätzliche anthropogene Nahrungsquellen, auf Deponien, Wild- und Vogelfutterstellen, landwirtschaftlich genutztem Gelände wie etwa Viehweiden. Der Kolkrabe ist ein opportunistischer Aasfresser, historisch vor allem verbunden mit großen Carnivoren, besonders Wölfen, und exzessiven Abfallproduzenten, hauptsächlich den Menschen. So kann er als Standvogel auch arktische Regionen besiedeln.

Zum Verhältnis von Kolkraben und Wölfen im Yellowstone-Nationalpark berichtet Matthias Loretto auf Seite 32. Wie stark das Verhältnis von Wölfen und Kolkraben tatsächlich ist, ist demnach noch nicht ganz klar. Sicher ist aber, dass die Raben bei großen und bei tiefgefrorenen Kadavern auf die Wölfe angewiesen sind, die mit ihrem kräftigen Gebiss die Beute öffnen, zerstückeln und damit auch für die Raben nutzbar machen können.

Enges Verhältnis zwischen Jägern und Aasfressern

Ein enges Verhältnis zwischen Jägern und Aasfressern finden wir vor allem im Winter und oft in nördlichen Regionen, beispielsweise zwischen Seeadlern und Nebelkrä-

Kolkrabe, Rotmilan und Elster (rechts vorne) an ausgebrachtem Wildteil. Nach der Brutzeit verteidigt das Revierpaar (hier Kolkrabe) den Kadaver nicht mehr heftig. Wildkameraaufnahme: K. F. Gauggel/D. Haas. Hausen i.T., 20.9.2018.

Ganzjährig, auch nach der Brutzeit, sammeln Kolkraben Fleisch und Fett zur Vorratsspeicherung. Hier ein Paar zusammen mit einem Elsterpaar. Wildkameraaufnahme: K. F. Gauggel/D. Haas. Hausen i.T., 22.9.2017.

hen oder Kolkraben in Nordeuropa, wobei die Adler verlässliche Bereitsteller von Nahrung sind. Ob es sich wirklich um Symbiosen handelt, also Situationen, bei denen beide Beteiligte Vorteile haben, ist in vielen Fällen noch unklar.

Große wilde Säugetiere und Großgreifvögel mit Beute werden ganzjährig häufig von Rabenvögeln, hauptsächlich von Krähen, Dohlen und Elstern eskortiert. Allerdings geht es dabei nicht immer um Aas: Große Weidetiere werden häufig direkt angeflogen, was von den Tieren meist gut toleriert wird. Die Vögel befreien die Großsäuger von lästigen Blutsaugern wie Zecken und Bremsen und ernten im Frühjahr beim Fellwechsel auch gerne Reste der Winterwolle zur Auspolsterung der Nestmulde.

Anders sieht es aber beispielsweise bei den Hyänen in der Savanne aus, die mit ihrem extrem kräftigen Gebiss als „Knochenbrecher" markhaltige Röhrenknochen verzehren und dabei immer auch etwas für Folgenutzer – Rabenvögel und kleinere Säugetiere – abfällt.

Mit Vorsicht ans Aas

Wie andere Corviden und viele Greifvögel zeigen auch Raben eine natürliche Scheu vor toten Tieren, die sie äußerlich unversehrt finden. Die verlieren sie rasch, wenn Wölfe oder Bären in der Nähe sind. Dies gilt ebenso, wenn viele konkurrierende Artgenossen, etwa auf Deponien, in der Nähe sind, Kadaver unfallbedingt schon geöffnet an der Straße liegen oder bei Fütterungsversuchen schon aufgeschnitten präsentiert werden.

Raben decken mit ihrem hervorragenden Flugvermögen sehr große Flächen ab und sind oft die ersten am Aas. Sie beobachten Jäger und reagieren auf Schüsse, finden so auch versteckt im Wald deponierten Wildaufbruch, der dann auch leichter für Großgreifvögel auffindbar wird.

Das Bedienen an menschlicher Jagdbeute kommt häufig vor, kann aber zur großen Gefahr werden, wenn noch mit Bleimunition gejagt wird. Wiederholte Bleivergiftungen zur Jagdzeit haben wir beispielsweise auch in der Geierschutzinitiative (GESI) in Mitteleuropa bei dem besendert ausgewilderten Gänsegeier „Gypsi" nachgewiesen, der fünf mitteleuropäische Länder durchstreifte und sich ausreichend ernähren konnte. Der bleivergiftete Vogel überlebte nur Dank täglicher Standortkontrolle über die Besenderung und eine rasche Überführung in professionelle Zentren zur aufwendigen, aber letztlich erfolgreichen Therapie.

Geier und Raben

Ein Teil der Nichtbrüter, in der Regel immature Vögel der drei großen europäischen Geierarten (Bart-, Mönchs- und

Schmutzgeier und Kolkrabe bei einem Kadaver, an dem noch Gänse- und Mönchsgeier fressen. Sobald die großen Geier abfliegen, nutzen die Rabenvögel und Schmutzgeier mit ihren dünneren Schnäbeln heruntergefallene und zwischen den Knochen für sie noch erreichbare kleine Fleischreste. Extremadura, Spanien, 26.4.2016.

Fuchs und Elster im „Futterstress" für den Nachwuchs an einem Rehschlegel mit letzten Fleischresten, um die mit List gekämpft wird. Ähnliche Beobachtungen waren früher wohl an Schindangern häufig und führten zu einschlägigen Tierfabeln (z.B. „Der Rabe und der Fuchs").

Wildkamera: K.F. Gauggel/D. Haas. Neidingen/Donautal, SIG, 30.5.2011.

Gänsegeier) unternimmt regelmäßig weite jährliche Erkundungsflüge, die ganz Mitteleuropa einschließen können. In unseren an Großgreifvögeln verarmten Gebieten, in denen Geier zuvor ausgerottet wurden, verhalten sie sich äußerst vorsichtig. Oft verharren sie lang in der Nähe von verendeten Weide- oder Wildtieren. Als Vertrauen bildende „Vorkoster" sind dann Raben, Krähen oder Elstern unverzichtbar, die sich schon fressend betätigen. Sofern durch menschliche Störungen schon die Vorkoster nicht zum Zuge kommen, streichen auch die Geier meist wieder ab, um aus großer Höhe die Lage von oben zu prüfen.

Vollständige Nutzung der Kadaver

Raben, Krähen und Elstern nutzen Kadaver als nachhaltige Nahrungsquelle auf verschiedene Art. Sie fressen Fleisch und Innereien bzw. Fett. Sie sammeln bevorzugt Organmaterial und verstecken so viel wie möglich in Depots. Dabei bevorzugen sie besonders Fett (Unterhaut- und Eingeweidefett), das energiereicher und viel länger haltbar als Muskelfleisch ist. Zu Beginn der Brutzeit werden regelmäßig auch Haare aus dem Fell der toten Tiere zur Auspolsterung des Nests gesammelt. Alle Rabenvogelarten nutzen Kerbtiere am Aas, die bei massenhaften Vorkommen oft reichlich verzehrt werden. Bei Raben- und Nebelkrähen gibt es die meisten Untersuchungen dazu, mit Hunderten nachgewiesener Insekten- und Spinnenarten.

Wir konnten mittels Wildkamera-Monitoring über siebzehn Jahre in Rabenvogelrevieren um die Schwäbische Alb und im Oberen Donautal herausfinden, dass Aasinsekten, besonders deren Larvenstadien, ganzjährig als wichtige Nahrungsquelle bedeutsam werden können.

Kommt in Brutrevieren von Kolkrabe, Rabenkrähe und Elster Aas zu liegen, so wird es umgehend genutzt – ganzjährig, sofern das Revierpaar auch im Herbst und Winter anwesend bleibt. Die Kadaver werden so weit wie möglich in Besitz genommen, wobei Artgenossen und andere aasfressende Vögel durch heftige Attacken vertrieben werden. Sind die Kadaver jedoch in Randrevieren von besonders nahrungsreichen Gebieten (beispielsweise um Müllkippen oder landwirtschaftliche Betriebe) kommen oft einzelne Vögel dazu und rekrutieren über spezifische Rufe Artgenossen als „Kampfgenossen". Die Verteidigung des Revierpaars versagt dann, die Reviervögel müssen weitere Mitkonsumenten tolerieren.

Das gilt auch, wenn Großgreifvögel, in Mitteleuropa hauptsächlich Seeadler, Gänsegeier oder Mönchsgeier, dazu kommen. Nur sie können Großtierkadaver in ganz kurzer Zeit bis auf größere Skelett- und Fellreste so weit konsumieren, dass es nicht zu starken Massenvermehrungen einzelner Aasinsektenarten kommt. Das gelingt kleineren Vogelarten und weiteren Aasfressern wie dem Fuchs meist nicht.

In mit Wildkamera-Monitoring kontrollierten naturnahen Revieren von Rabenkrähen und Kolkraben gelingt es den Reviervögeln meist gut, die Kadaver für sich zu behaupten.

Beobachtungen am Kadaverplatz

Im Rahmen der Geierschutzinitiative (GESI) bieten wir an verschiedenen Stellen Kadaverplätze an, wo beispielsweise Wild ausgelegt wird, das dem Straßenverkehr zum Opfer fiel. Soweit wir genügend Kadaver zur Verfügung stellen können, verteidigen und besuchen Rabenvögel Aas-Auslageplätze von Anfang März bis zum Ausfliegen einer erfolgreichen Brut täglich, wobei in der Bettelflugphase oft noch die ganze Familie bis zu drei Wochen nach dem Flüggewerden der Jungen erscheint. Dabei gelingt es den Reviervögeln gut, auch mittelgroße Greifvögel wie Bussarde und Milane von den Kadavern fernzuhalten. Nur der Habicht kann sich offenbar durchsetzen und ernährte sich bei den Beobachtungen manchmal tagelang von den anfangs frischtoten Tieren.

Revierbesitzende Raben- und Krähenpaare schafften es allerdings nur ausnahmsweise, größere Kadaver nahezu vollständig primär zu nutzen. Das gelang gerade noch einem Kolkrabenpaar im April bei einem ausgelegten neugeborenen Mufflonkalb. Sie nutzten das fleischige Gewebe innerhalb von drei Tagen allein, indem sie die erreichbaren fleischigen Teile portionsweise abgetragen haben. Dabei war mindestens ein Partner von der Morgen- bis zur Abenddämmerung nahezu stündlich aktiv. Das Paar hat dabei Gewebe vom etwa Dreifachen des eigenen Körpergewichts verfüttert oder sicher zum großen Teil in Depots gespeichert. Später tauchten dann die fünf Jungvögel mit beiden Eltern am Aas auf, nutzten Muskelfleisch und die massenhaft abwandernden Schmeißfliegenmaden.

Von einem Verkehrsopfer (Biber) abwandernde Fliegenmaden der Gattung *Calliphora*. Schon im zeitigen Frühjahr nutzen hauptsächlich Fliegen den Kadaver, wenn sie im Straßengraben landen und große Wirbeltiere als Mitnutzer fehlen.

Sigmaringen, 5.4.2017.

Fliegen der Gattung *Calliphora* nach dem Schlupf an der neben einem Kadaver positionierten Wildkamera. Sie weisen auf die große Insektenmasse hin, welche unter naturnahen Bedingungen über Dung und Aas als Wirbeltiernahrung verfügbar ist.

Sigmaringen, 24.4.2019.

Zur Bedeutung europäischer Rabenvögel als Aasfresser

Saatkrähe *Corvus frugilegus*

Die Saatkrähe hat im Vergleich mit Nebel- und Rabenkrähen einen dünneren, mehr zugespitzten Schnabel, der sich besser zur Nahrungssuche am und im Boden eignet. Sie ist stärker als Aaskrähen und Dohlen auf Regenwürmer und andere Evertebraten unter der Erdoberfläche spezialisiert und bearbeitet gerne lockeren Boden nach Drossel- und Starenart. Sie jagt Insekten und Wühlmäuse geschickt, schätzt aber Wirbeltierfleisch sonst nicht besonders. Saatkrähen erscheinen nicht systematisch am Aas und verstecken nicht hauptsächlich Fleisch, sondern Walnüsse, Eicheln und andere Baumsamen, bis hin zu ganzen Kieferzapfen. Ebenso wie andere Rabenvogelarten nutzen sie aber auch häufig menschliche Abfälle und Vogelfutterstellen.

Dohle *Coloeus monedula*

Dohlen erscheinen nur selten direkt an Kadavern größerer Tiere, häufiger an überfahrenen kleinen Verkehrsopfern. Gelegentlich registrierten wir einzelne Vögel bei der Nutzung von Insekten um größere Kadaver. Viel häufiger sind Dohlen auf Weiden zu sehen, wo sie besonders an und um Rinderdung Dunginsekten nutzen, oft gemeinsam mit dem Kiebitz und dabei auch oft auf Weidetieren sitzend und Kerbtiere (Zecken, Bremsen u. a.) absammelnd.

Bergkrähen Gattung *Pyrrhocorax*

Die beiden Pyrrhocorax-Arten Alpendohle *Pyrrhocorax graculus* und Alpenkrähe *Pyrrhocorax pyrrhocorax* sind eng miteinander verwandt. Die Alpendohle besiedelt im Gebirge höhere und überwiegend weiter nördliche Regionen, in 1500 bis 3900 m Höhe. Sie hat einen kürzeren, kräftigeren Schnabel als die Alpenkrähe. Bei ihr wurde die Nutzung von Aas, besonders im Winterhalbjahr oft nachgewiesen.

Die Alpenkrähe besiedelt im Gebirge niedriger gelegene Regionen als die Alpendohle (1200 bis 3000 m), allgemein in wärmeren Habitaten. Das Verbreitungsgebiet reicht weiter nach Norden (Großbritannien, Irland), wo, ebenso wie in manchen südlichen Regionen, Bruten bis nahezu hinunter auf Meereshöhe nicht selten sind. Sie hat einen dünneren, längeren Schnabel als die Alpendohle, der sich besonders gut zur Nahrungssuche nach Kerbtieren und Wirbellosen am Boden eignet. Bei ihr hat, wie bei der sich ähnlich ernährenden Saatkrähe, die Nutzung von Aas eine eher untergeordnete Bedeutung.

Elstern

Die Elster *Pica pica* besiedelt Europa nahezu flächendeckend (außer Island) und nutzt ausgiebig Aas, soweit erreichbar. Sie kontrolliert im Brutrevier gelegene Straßen systematisch auf Verkehrsopfer. Überfahrene Kleintiere werden dann auf die Seite gezogen und das nutzbare Gewebe abgesammelt, verfüttert oder als Nahrungsvorrat gespeichert. An den GESI-Kadavern nutzen Elstern außerhalb der Brutzeit oft zusammen mit *Corvus*-Arten die Nahrungsquelle, werden in der Brutzeit aber meist durch die Dominanz der anderen Revierbesitzer vertrieben. Wo möglich erscheinen sie dann wieder in der Bettelflugphase zusammen mit den Jungvögeln, um besonders die Madennahrung zu nutzen.

Die kleinere Blauelster *Cyanopica cooki* nutzt zumindest in ihrem europäischen Verbreitungsgebiet in Spanien Aas, soweit verfügbar, ähnlich wie die Elster. Sie nutzt intensiv Verkehrsopfer und auch Nahrung an Geierfraßplätzen.

Häher

Nahezu 50 Rabenvogelarten werden auf Deutsch als Häher bezeichnet, mit Diversitätsschwerpunkt in Mittel- und Südamerika (Gattungen *Cyanolyca* und *Cyanocorax*). Bei Hähern der gemäßigten und nördlichen Zone ist das Sammeln und die großflächige Vorratsspeicherung von Baumsamen mit ihrer wesentlichen Bedeutung zur wichtigsten Ganzjahresnahrung sowie zur Verbreitung verschiedener Bäume gut untersucht. Der Eichelhäher *Garrulus glandarius* erscheint an unseren Kadaverplätzen nur selten, wobei einzelne Vögel gezielt das Angebot an Aasinsekten nutzten, vereinzelt auch im Winter Fett abtransportieren und speichern. Kleinere Verkehrsopferangebote in meinem Garten nutzten Häher nie, überließen das ganz den dominierenden Rabenkrähen und Elstern. Der Tannenhäher *Nucifraga caryocatactes* verbreitet überwiegend andere Waldbaumarten als der Eichelhäher. Futterstellen nutzt er ähnlich wie der Eichelhäher. Ein lang in der Voliere gehaltener eigener Pflegling sammelte und versteckte nur Baumsamen, aber nie Fleischanteile oder Insekten. Der Unglückshäher *Perisoreus infaustus* ist die kleinste europäische Häherart mit dem nördlichsten Verbreitungsgebiet, ein Standvogel Skandinaviens. Er legt in Baumverstecken Wintervorräte aus Insekten, Samen und Beeren an. Er erscheint an Elchschlachtplätzen und nutzt sicher bei Gelegenheit auch andere Aasquellen.

Elsterpaar an einem überfahrenen, schon weitgehend abgeernteten Eichhörnchen. Die Elster am Aas hat im Kehlsack eine weitere Fleischportion gespeichert. Sigmaringen, 15.7.2017.

Blauelster mit im Kehlsack gespeichertem Fleisch von einem überfahrenen Igel als Nestlingsnahrung. Extremadura, Spanien, 24.4.2012.

Kolkraben (Paar mit fünf Jungvögeln) nutzen hier die massenhaft von einem Kadaver abwandernden Fliegenmaden. Drei Jungvögel betteln noch einen Altvogel an. Wildkamera: K. F. Gauggel/D. Haas. Hausen i.T., 20.6.2020.

Eine junge Rabenkrähe nimmt letzte, vom Kadaver einer Haustaube abwandernde Fliegenmaden auf. Albstadt, 12.9.2016.

Besonders ausgeprägt nutzen Rabenkrähen die Kadaver. Aber bei Tagestemperaturen über 25 °C sind die Weichteile ausgelegter Kadaver meist innerhalb weniger Tage durch die Maden vollständig aufgezehrt. Diese wandern dann ab und sind dann noch in großen Mengen im umliegenden Erdboden und unter den Tierresten zu finden. Die Krähen kommen dann in der Regel noch tagelang und suchen intensiv im umliegenden Boden und unter Fell- und Knochenresten, die wegbewegt und umgedreht werden, nach Maden, die sehr schnell aufgepickt und verschlungen werden. Filmaufnahmen unserer sehr nah platzierten Wildkameras zeigten, dass ganz überwiegend Maden gesammelt und als Nestlingsfutter im Kehlsack transportiert werden. Nach Ausfliegen der Jungen werden diese in der Bettelflugperiode häufig mit auf den Kadaverplatz geführt und dort mit Maden gefüttert. Die Maden werden als Nahrung bevorzugt, die umherrennenden Aaskäfer und anderen Kerbtiere (Asseln, Spinnen etc.) bleiben wenig beachtet.

Bei Raben- und Nebelkrähen wurde ein umfangreiches Spektrum an Kerbtieren als Nahrung nachgewiesen, das regional und jahreszeitlich sehr unterschiedlich und artenreicher als bei der Saatkrähe ist. Es repräsentiert meist die saisonal und regional leicht erreichbaren, zahlreich vorkommenden Arten. Das ergaben überwiegend Untersuchungen mit der Halsringmethode bei Nestlingen, Kot- und Gewölluntersuchungen sowie zahlreiche Analysen des Mageninhalts von erlegten Vögeln.

Ein großer Mangel dieser Untersuchungsmethoden ist, dass Muskelfleisch und das sehr weiche chitinarme Gewebe von Fliegenmaden kaum nachweisbar ist. Fütterungsversuche ergaben, dass Maden nach einer Stunde im Magen nicht mehr nachweisbar sind. Stärker chitinisierte Kerbtiere, hauptsächlich Käfer, sind dagegen noch nach einer Stunde identifizierbar, nach drei Stunden dann aber höchstens noch in Spuren nachweisbar. Ebenso ist Fleisch und Organmaterial von Kadavern makroskopisch nicht viel länger als eine Stunde zu erkennen. Von Kleinnagern und Sperlingen sind nach zwei bis zweieinhalb Stunden nur noch einzelne Knochenstücke, Reste aufgenommener Vogelfedern noch bis nach acht Stunden erkennbar. Aussagen zur quantitativen Bedeutung der Nahrungsbestandteile sind über solche Untersuchungen also nur eingeschränkt möglich.

Die Bedeutung von Aas im Speiseplan

Ältere Untersuchungen und Studien der GESI der letzten sechzehn Jahre in naturnahen Biotopen zeigten sehr deutlich, dass tote größere Tiere besonders bei Rabenkrähe und Kolkrabe eine wesentliche Nahrungsquelle darstellen können, die auch eine deutliche Auswirkung auf den Fortpflanzungserfolg hat. Während der Fortpflanzungszeit im Frühjahr sind die Vögel in ihrem Brutrevier oft ganztägig damit beschäftigt, große Mengen von Fett- und Muskelfleisch zu mobilisieren und als Nahrungsreserve in Depots zu schaffen. Darauf spezialisierte selten gewordene Aaskäfer aus der Gattung *Nicrophorus* sind sogar auf solche Depots zur Fortpflanzung angewiesen.

Aas bietet eine energie- und nährstoffreiche Nahrungsquelle und kann andere im Frühjahr erreichbare Nahrungsquellen wie Vogeleier und Jungvögel ersetzten. Gleichzeitig mit dem Kadaver verteidigen die Reviervögel ihr Brutrevier gegen Artgenossen und weitere mögliche Nesträuber. So können klug präsentierte Kadaver im Sinn einer Ablenkfütterung zum Schutz von Bruten besonders von Bodenbrütern und Wasservögeln beitragen. Umgekehrt kann die Entfernung natürlich anfallender Kadaver (zum Beispiel verendete Fische am Ufer, Verkehrsopfer usw.) zu einer stärkeren Gefährdung von Vogelbruten durch aasfressende Arten beitragen. Kleinere Verkehrsopfer wie Hasen, Füchse und Igel verwesen häufig direkt am Straßenrand. Wer sie etwas abseits der Straße deponiert, fördert den Schutz von Carnivoren und die Verkehrssicherheit.

Literatur zum Thema

Glutz von Blotzheim U N (Hrsg.) 1993: Handbuch der Vögel Mitteleuropas Band13/III Passeriformes (4. Teil) Corvidae – Sturnidae. Aula, Wiesbaden.

del Hoyo J et al (Hrsg.) 2009: Handbook of the Birds of the World, Vol. 14 Bush-shrikes to Old World Sparrows. Lynx Edicions.

Aasökologisches Themenheft: Ornitologische Mitteilungen Jahrgang 71 Nr. 7/8 2019.

Dieter Haas ist Arzt und hat mit einer parasitologischen Feldarbeit in Afrika promoviert. Als Naturschützer und Naturfotograf arbeitet er seit Jahrzehnten in mehreren NGOs gegen Defizite im Vogelschutz. Seit 18 Jahren bearbeitet er aasökologische Themen in der von ihm gegründeten Geierschutzinitiative GESI.

Porträt einer adulten Saatkrähe.
Foto: M. Putze. Mertingen, 1.5.2022.

BESTANDSZUNAHME UND LANDWIRTSCHAFTLICHE SCHÄDEN:

Das Modellprojekt Saatkrähe in Bayern

Nach einem Bestandstief von weniger als 1000 Brutpaaren in den 1950er-Jahren ist der Bestand der Saatkrähe in Bayern vor allem mit Inkrafttreten des Bundesnaturschutzgesetzes 1977 und der Unterschutzstellung der Saatkrähe auf circa 19600 Brutpaare im Jahr 2024 angestiegen. Unter 10 % des Brutbestandes und der Kolonien siedeln im Außenbereich, das heißt in mehr als 100 m Distanz zu Ortsrändern. Mit der deutlichen Zunahme der Brutbestände kam es zu vermehrten Konflikten mit betroffenen Bevölkerungsgruppen durch Lärmbelästigung, Verschmutzung und Schäden an landwirtschaftlichen Anbaufrüchten. Das Bayerische Landesamt für Umwelt (LfU) wurde vom Bayerischen Staatsministerium für Umwelt und Verbraucherschutz (StMUV) beauftragt, den Landtagsbeschluss (Drs. 18/6358 vom 06.02.2020) „Projekt zum Management von Saatkrähen" umzusetzen. Das Projekt startete im Herbst 2020 und soll Ende 2024 mit dem Schlussbericht enden. Primäres Projektziel ist dabei die Erarbeitung von Möglichkeiten zur Prävention landwirtschaftlicher Schäden. Darüber hinaus sind Erfolge und Misserfolge von Managementmaßnahmen an Saatkrähenkolonien zu bewerten. Das Projektgebiet ist im Aktionsbereich der mit rund 800 Brutpaaren größten Kolonie im Regierungsbezirk Schwaben in Asbach-Bäumenheim bei Donauwörth angesiedelt.

Text von
Mathias Putze

In Bayern wurde 2024 ein Brutbestand der Saatkrähe von insgesamt 19622 Brutpaaren in 606 besetzten Kolonien ermittelt. Sie siedelt mittlerweile in allen Regierungsbezirken, wobei in Oberbayern (9266 Brutpaare) und Schwaben (7836 Brutpaare) 87% des bayerischen Bestandes vorkommen. Details zur Bestandsentwicklung und Verbreitung lassen sich dem aktuellen Monitoringbericht auf der LfU-Webseite (s. Informationen zum Thema) entnehmen.

Saatkrähen auf dem Umlauf eines Biogasgärtanks. Biogas- und Kompostanlagen in der offenen Agrarlandschaft haben neben ihrer Funktion als Nahrungsquelle auch eine Bedeutung als Rast- und Ruheplatz.

Foto: M. Putze. Mertingen, 4.5.2022.

Ökologie

Die Saatkrähe ist ein sozialer Koloniebrüter, der für die Nestanlage bevorzugt Laubbäume wie Platanen und Pappeln nutzt, aber auch Gittermasten bezieht. Die Koloniebesetzung beginnt vielerorts ab Ende Februar. Die Gelegegröße beträgt drei bis fünf Eier. Die Brutzeit dauert 16 bis 19 Tage und die Nestlingszeit 32 bis 34 Tage. Nach zwei Jahren sind die Jungvögel geschlechtsreif und brüten das erste Mal. Das Durchschnittsalter beträgt fünf Jahre, wobei das bekannte Höchstalter einer beringten Saatkrähe aus Großbritannien über zwanzig Jahre betrug. Die Hauptnahrung stellen Wirbellose (insbesondere Regenwürmer, Arthropodenlarven) und Sämereien dar.

Raumnutzung

In einem eigenen Modul hat ein Forschungsteam der Hochschule Weihenstephan-Triesdorf im Auftrag des LfU die Raumnutzung der Saatkrähenkolonie von Asbach-Bäumenheim mit folgenden Fragestellungen untersucht: 1. Bestimmung des Aktionsradius, 2. Identifizierung der wichtigsten Nahrungsquellen und 3. Analyse der Bedeutung der Nahrungsquellen. Dabei wurde das Raumnutzungsverhalten wöchentlich in einem Radius von 5 km um die Brutkolonie erfasst sowie mittels Besenderung mit Satellitensendern untersucht. Der Untersuchungsraum entspricht in etwa dem angenommenen Aktionsraum der Saatkrähe während der Brutzeit anhand verschiedener Literaturquellen.

Die Saatkrähen der Kolonie in Asbach-Bäumenheim nutzen mit Beginn der Koloniebesetzung Ende Februar bis Mitte März bis zum Ausfliegen der Jungvögel Ende Mai maßgeblich den 5-km-Radius um die Kolonie zur Nahrungssuche. Während des Ausfliegens der Jungvögel bildet sich ein deutlicher Nutzungsschwerpunkt in einem südwestlichen Korridor zur Kolonie aus, der ab 3 km Entfernung reich an Grünland ist. In diesem Bereich befinden sich drei Biogasanlagen und wurde auch ein Großteil der Schadensfälle in den Jahren 2021 bis 2023 gemeldet. Mit dem Ausfliegen der Jungvögel verliert der Koloniestandort seine Bedeutung. Die Vögel suchen nun Schlafplätze (Baumreihen, Stromleitungen, Gebäude) außerhalb der Kolonie auf und erweitern bzw. verlagern sukzessive ihren Aktionsraum. Bis September erweitert sich der Aktionsradius auf circa 40 km. Die

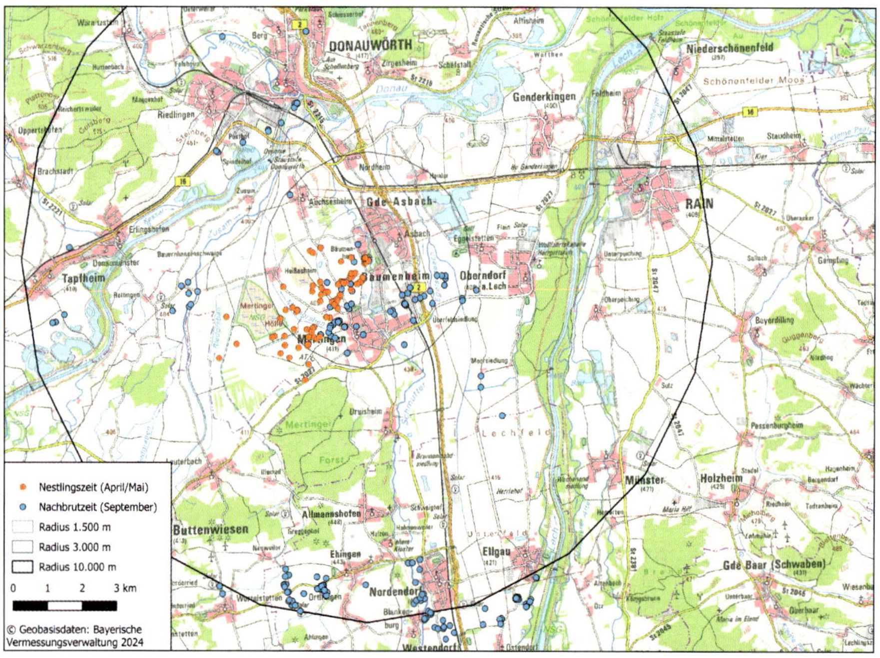

Die Raumnutzung einer männlichen adulten Saatkrähe konzentriert sich in der Nestlingszeit im April/Mai auf einen Radius von 3 km (innerer Kreis) und geht selten über 5 km hinaus. In der Nachbrutzeit wird der Aktionsradius deutlich größer, und regelmäßig sucht diese Krähe verschiedene Schlafplätze und Nahrungsflächen in bis zu 11 km Entfernung auf. In der Karte nicht dargestellt sind die Ausflüge dieser Saatkrähe in das über 30 km entfernt liegende Augsburg. Dargestellt sind die Fundpunkte anhand der Satellitentelemetrie einer männlichen Saatkrähe aus dem Jahr 2023. Die Kolonie liegt im Kreismittelpunkt.

Vögel suchen dabei auch die Aktionsräume anderer Koloniestandorte auf.

Bei den Nahrungsquellen können drei Hauptnahrungsflächentypen voneinander abgegrenzt werden: Anlagenstandorte (Biogasanlagen, Kompostwerke und Biomasselager), Grünland sowie Ackerflächen. Biogas- und Kompostanlagen haben trotz der ganzjährigen Verfügbarkeit von Nahrung ihre größte Bedeutung als Nahrungsquelle vor allem während der Nestlingszeit (April) bis zum Ende des Ausfliegens der Jungvögel (Ende Mai). In den anderen Jahresabschnitten spielen sie nur eine untergeordnete Rolle. Damit ist zu vermuten, dass diese Nahrungsquellen zu einer höheren Überlebensrate der Jungvögel beitragen und die Bestandsentwicklung positiv beeinflussen. Unterstützt wird diese Hypothese durch das Raumnutzungsverhalten der Saatkrähenkolonie in Erding nordöstlich von München (rund 1200 Brutpaare im Jahr 2021). Die Vögel dieser Kolonie suchen regelmäßig sogar ein 9 km entferntes Kompostwerk auf. Im Rahmen einer Masterarbeit (Niederlechner 2022) wurden hier während der Brutzeit zwischen 4000 und 5000 Nahrungsflüge pro Tag zwischen Anlage und Kolonie ermittelt. Auch Grünland wird im Jahresverlauf unterschiedlich stark zur Nahrungssuche genutzt. Es ist zwar während der Nestlingszeit und des Ausfliegens der Jungvögel von besonderer Bedeutung, weist allerdings die größte Bedeutung im Verhältnis zu den anderen Nahrungsflächen nach Auflösen der Kolonie im Juli und Anfang August auf. Agrarflächen mit hohem Rohbodenanteil, zum Beispiel nach der Aussaat und in der Keimphase (Mais, Sommergetreide und Zuckerrübe) sowie nach der Ernte, haben eine große Bedeutung als Nahrungsflächen. Dabei weisen Ackerflächen mit Silomaisanbau während der Nestlingszeit ab Anfang April bis zum Ausfliegen der Jungvögel Ende Mai den höchsten Nutzungsanteil im Vergleich zu anderen Nahrungsflächentypen auf.

Derartige Erkenntnisse zur Raumnutzung von Saatkrähen während der Nestlingsphase, dem anschließenden Ausfliegen der Jungvögel und dem Auflösen der Brutkolonie sind bisher nicht beschrieben worden. Sie liefern Hinweise zu den Ursachen von Schadensereignissen auf Feldern und dem Wachstum einzelner Kolonien, welche zukünftig bei der Managementplanung berücksichtigt werden können.

Saatkrähen suchen im Grünschnitt einer Kompostieranlage nach Nahrung. Foto: M. Putze. Mertingen, 23.4.2022.

Landwirtschaftliche Schäden

Im Rahmen des Modellprojekts wurden 2021 bis 2023 im Umfeld der Saatkrähenkolonie in Asbach-Bäumenheim Schadensfälle an landwirtschaftlichen Nutzflächen dokumentiert, die auf Saatkrähen zurückzuführen waren. Es wurden Schadensmuster beschrieben und der finanzielle Schadensumfang durch landwirtschaftliche Schätzer bestimmt sowie die Schäden von einem Ornithologen begutachtet. So wurden 2021 in der Modellregion 58 Schadensfälle begutachtet, von

Das typische Schadensbild der Saatkrähe auf Maisäckern sind lange Trichterlochreihen. Die Länge der Trichterlochreihen variiert von wenigen Metern bis hin zur gesamten Saatreihe. Ein Trichterloch ist 5 bis 7 cm tief und hat einen Durchmesser von 5 bis 7 cm. Foto: H. Stickroth. Mertingen, 14.6.2021.

Eine adulte Saatkrähe auf der Nahrungssuche. Die Maispflanzen befinden sich noch in einem kritischen Stadium, in dem sie von Saatkrähen ausgerissen werden können. Beobachtungen auf diesem Maisschlag mit lockerem und feuchtem Boden ergaben keine Schädigungen am Mais, aber dafür eine langanhaltende und erfolgreiche Suche nach Regenwürmern. Foto: S. Niederlechner. Eitting, 16.5.2021.

Eine Greifvogelattrappe an einer 10 m hohen Kohlefaserstange und 6 m langen Nylonschnur im Einsatz auf jungen Maisschlägen in den Gemeinden Asbach-Bäumenheim und Mertingen, Landkreis Donau-Ries. Foto: M. Putze. 31.5.2021.

Zwei Flügel eines Rabenvogels an einem „Krähengalgen“ zur Vergrämung auf einem frisch eingesäten Feld. Foto: M. Putze. Mertingen, 16.3.2021.

denen 53 Fälle (91 %) Mais kurz nach der Aussaat betrafen. Die festgestellte Gesamtschadenssumme betrug beim Mais 105 183 Euro. In 42 Schadensfällen bei Mais wurde durch einen ornithologischen Gutachter die Saatkrähe als Hauptschadensverursacherin bestätigt. Das typische Schadensbild der Saatkrähe auf einem Maisfeld sind lange Trichterlochreihen entlang der Saatreihen. Sie entstehen vor allem bei der Suche nach Regenwürmern und Insektenlarven, die mit den Wurzeln der Maispflanzen assoziiert sind. Die Schäden an Mais treten zeitlich während der Nestlingsphase und dem Ausfliegen der Jungvögel auf. In der Modellregion war in den Folgejahren ein Schadensrückgang bei Mais auf elf Fälle in 2022 (13 009 Euro) und drei Fälle in 2023 (6244 Euro) zu verzeichnen, wenngleich Totalausfälle weiterhin auftraten. Die von Jahr zu Jahr sehr unterschiedlichen Schadensverläufe an Feldfrüchten können auf die unterschiedliche Witterung im Frühjahr zurückgeführt werden, die zum Beispiel den Zeitpunkt und die Dauer des Keimlingsstadiums der Maispflanzen oder das Vorhandensein von gemähtem Grünland als Nahrungsflächen beeinflusst.

Über die Modellregion hinaus wurden bayernweit Schadensfälle an Mais und anderen Nutzpflanzen recherchiert und gesammelt. So traten von 2021 bis 2023 Schäden in unterschiedlichem Umfang in Unterfranken, Schwaben, Oberbayern und Niederbayern auf, wobei sie nur auf wenige Koloniestandorte begrenzt waren. Die Schadensbilanzen beruhen auf Angaben von Landwirten, und die Flächen wurden nicht von einem Ornithologen begutachtet. So kam es beispielsweise in der Region Erding wie in der Modellregion Bäumenheim zu deutlichen Schäden in Höhe von insgesamt über 75 000 Euro im Jahr 2021; in den zwei Folgejahren wurden vom Bayerischen Bauernverband auch hier nur vereinzelt Schadensmeldungen registriert.

Vergrämung auf landwirtschaftlichen Flächen

Im Rahmen des Modellprojekts wurden auch Methoden der Vergrämung von Saatkrähen von landwirtschaftlichen Flächen untersucht. Dabei zeigten optische Vergrämungsmittel wie Flugdrachen nur eine begrenzte Wirksamkeit. Durch Wind rotierende Bälle mit reflektierenden Elementen an Stangen waren weitestgehend wirkungslos. Auch wurde die aktive Vertreibung mithilfe einer herkömmlichen Hobbydrohne in einem zweitägigen Feldversuch erprobt. Die Saatkrähen ließen sich zwar anfangs vertreiben, gewöhnten sich aber schnell an das Flugobjekt. Am zweiten Tag war fast kein Effekt mehr erkennbar. Der Einsatz einer gasbetriebenen Schreckschussanlage durch einen Landwirt zeigte im ersten Jahr noch eine hohe Wirksamkeit, welche bereits in den zwei Folgejahren deutlich herabgesetzt war. Als pflanzenbauliche Maßnahmen sind besonders geeignet: zeitgleiches Aussäen von Landwirten in einer Region sowie die Aussaat bei für das Wachstum günstigen Witterungsprognosen. Eine umfassende Bewertung von Vergrämungsmaßnamen sowie von pflanzenbaulichen Maßnahmen zur Reduktion von Fraßschäden ist im 2. Zwischenbericht zum Modellprojekt enthalten und kann Landwirten erste Handlungsempfehlungen zur Selbsthilfe geben.

Management von Brutkolonien

Im Rahmen des Modellprojekts analysiert und bewertet das LfU Vergrämungsprojekte an städtischen Koloniestandorten. Der 1. Zwischenbericht befasst sich unter anderem intensiv mit den Erfahrungen aus dem bisherigen Saatkrähenmanagement in bayerischen Gemeinden und einer Literaturauswertung dazu. Ein Management von Saatkrähenkolonien ist komplex und muss vor allem über viele Jahre erfolgen. Häufig führen die Maßnahmen nicht zu den gewünschten Ergebnissen oder sind nicht von Dauer. Ein regelmäßig beobachteter Effekt ist die Aufsplitterung von Kolonien, die nicht nur bei zielgerichteten Maßnahmen wie aktiven Störungen der Vögel oder der Entnahme von Eiern aus Nestern eintreten kann, sondern auch bei Fällung von Brutbäumen oder Reduktion der Brutmöglichkeiten durch Rückschnitt. Dabei entwickelt jede Splitterkolonie aufgrund der neuen Ressourcenverfügbarkeit (potenzielle Brutplätze und Nahrungsverfügbarkeit) und möglicherweise durch verminderte Konkurrenz am neuen Standort ihre eigene Dynamik. Lokal konnte vereinzelt zwar der Bestand gesenkt werden, nicht aber auf regionaler Ebene. Vergrämungsmaßnahmen können zu Lasten von Nachbargemeinden gehen, in denen sich in der Folge neue Kolonien bilden können. Grundsätzlich sollte daher bei der Erwägung von Vergrämungsmaßnahmen an städtischen Koloniestandorten in Managementeinheiten aus mehreren

Gemeinden vorgegangen werden. Ziel ist es, gemeindeübergreifend die Möglichkeiten und Zielsetzung von Maßnahmen abzustimmen und gegenüber der Bevölkerung gemeinsam zu vertreten. Dazu sollte gehören, dass größere Gehölze wie Parks, innerörtliche (Au-)Waldbereiche oder sogar Friedhöfe, welche die bevorzugten Standorte für Saatkrähenkolonien darstellen, als Brutplätze für die Hauptkolonien akzeptiert werden und unbeeinflusst bleiben. Darüber hinaus darf sich das Management von Brutkolonien im Siedlungsbereich nicht auf die bloße Vergrämungsmaßnahme beschränken. Vielmehr zeigen die Erkenntnisse aus der Raumnutzungsanalyse auch die weiteren Faktoren auf, die zum Bestandswachstum geführt haben (Maisflächen und offene Kompost- und Biogasanlagen als bedeutende Nahrungsquellen zur Nestlingszeit) und bei zukünftigen Maßnahmen berücksichtigt werden sollten. So ist zu prüfen, inwiefern Kompost- oder Biogasanlagen den jeweiligen Kolonien tatsächlich als Nahrungsquellen dienen, um diese den Saatkrähen durch gezielte Maßnahmen wie Einhausung der Lagerstätten zu entziehen.

Fazit

Saatkrähen nutzen das Umfeld ihrer Brutkolonie in unterschiedler Weise und Ausmaß in Abhängigkeit von Nahrungsbedarf, -verfügbarkeit und -ansprüchen. Während der Zeit der Jungenaufzucht und des Ausfliegens der Jungvögel besteht bezogen auf einen relativ engen Aktionsradius um die Kolonie der größte Bedarf an Nahrung. Der bedeutendste Nahrungsflächentyp sind Agrarflächen. Im Modellgebiet waren dies insbesondere die Anbauflächen von Silomais, aber auch Grünland. Biogas- und Kompostanlagen sind zwar ganzjährig verfügbare Nahrungsquellen, jedoch haben sie während der Jungenaufzucht bis zum Ausfliegen der Jungvögel ihre größte Bedeutung. Wir halten daher einen Zusammenhang dieser anthropogenen Nahrungsquellen zum vielerorts beobachteten Bestandswachstum für wahrscheinlich.

Schadensereignisse an Feldfrüchten, insbesondere auf Maisfeldern, sind nicht vorhersagbar und schwanken offenbar stark in Abhängigkeit von der Witterung, die die Nahrungsverfügbarkeit für die Saatkrähen bestimmt. Dadurch kann weder von den Schäden in einem Jahr auf Schäden im nächsten Jahr noch auf ein Anwachsen von Schäden mit steigender Saatkrähenpopulation oder Koloniegröße geschlossen werden. Es zeigt sich, dass Schäden durch Saatkrähen in der Landwirtschaft innerhalb ihres Verbreitungsgebietes kein flächendeckendes und in seinem Umfang jährlich wiederkehrendes Phänomen sind, sondern es vielmehr lokal zu einer Häufung von Schäden kommen kann. Eine Hochrechnung der Schäden auf ganz Bayern ist nicht möglich, zumal die Saatkrähe nur eine regional verbreitete Art ist.

Managementmaßnahmen dürfen sich nicht auf bloße Vergrämungsmaßnahmen beschränken. Vielmehr muss es Ziel sein, Saatkrähen die Möglichkeit des Ausweichens in Form von ausgewiesenen Tabu- oder Ruhezonen zu geben, in denen auf Vergrämung verzichtet wird und Saatkrähen geduldet sind. Zur Lenkung bei Vergrämung von landwirtschaftlichen Flächen kann die Attraktivität der Ruhezonen durch kurzrasige Flächen während der kritischen Zeiträume gesteigert werden. In und um Siedlungen benötigen die Vögel attraktive Brutplätze, insbesondere flächenhafte Gehölze, in denen die Kolonien toleriert werden. Wo bekannt, müssen zeitgleich anthropogene Nahrungsressourcen wie Kompost- oder Biogasanlagen in ihrer Nutzbarkeit durch die Saatkrähen eingeschränkt werden. ❖

Informationen zum Thema

Abold A, Rudolph B-U 2020: Verbreitung, Brutplatzwahl und Bestandsentwicklung der Saatkrähe *Corvus frugilegus* in Bayern. Ornithol. Anz., 59: 137–160.

Niederlechner S 2022: Die Saatkrähe (*Corvus frugilegus*) – Verhaltensmuster und Habitatkomplexe im Verlauf einer Brutsaison der Saatkrähenkolonie Erding. Masterarbeit an der Fakultät für Landschaftsarchitektur und Landschaftsplanung der Technischen Universität München.

Zwischenberichte und Monitoringbericht LfU: www.lfu.bayern.de/natur/vogelschutzwarte/saatkraehenmanagement/index.htm

Mathias Putze ist Diplombiologe. Er war von 2005 bis 2020 freiberuflich als ornithologischer Fachgutachter tätig. Seit 2021 ist Mitarbeiter an der Staatlichen Vogelschutzwarte am LfU in Garmisch-Partenkirchen. Dort bearbeitet er schwerpunktmäßig die Themenbereiche Photovoltaik und das Saatkrähenmanagement.

Das umfassende Bestimmungsbuch.

Dieses nach neuesten Erkenntnissen konzipierte Fotobestimmungsbuch stellt die 614 in Mitteleuropa vorkommenden Vogelarten in lebensraumorientierten Fototafeln detailliert vor. Hierbei werden nicht nur die unterschiedlichen Federkleider gezeigt, sondern der Blick sofort auf die durch Hinweispfeile in den Bildern kenntlich gemachten Unterscheidungsmerkmale gelenkt. Neben den notwendigen Informationen über Status, Lebensräume und Verwechslungsmöglichkeiten unterstützen Verbreitungskarten und Balkendiagramme, die unter anderem die zeitliche Anwesenheit der Vögel aufzeigen, eine sichere Ansprache. Bestimmungsrelevante Vogelstimmen sind über QR-Codes aufrufbar. Zusätzlich zu den deutschen und wissenschaftlichen Vogelnamen sind die englischen, französischen, spanischen und italienischen Bezeichnungen angegeben.

Wolfgang Fiedler | Hans-Joachim Fünfstück:
Die Vögel Mitteleuropas
Das große Fotobestimmungsbuch
672 S., 2234 farb. Abb., 437 Karten, geb., 14,8 x 21 cm. Quelle & Meyer.
ISBN 978-3-494-01764-8
Best.-Nr.: 97-6203708

€ 19,95
(neuer gebundener Preis, früher € 39,95)

Preisstand 2024, zzgl. Versandkosten.

Bestellen Sie bitte bei:
Humanitas Bücher • Freizeit • Lebensart Versand
Industriepark 3 • D-56291 Wiebelsheim
Tel.: 06766/903-200 (zum Ortstarif) • Fax: -320
E-Mail: service@humanitas-versand.de
www.humanitas-versand.de

Das Brutpaar Romi (vorne) und Heinz (hinten) erwartungsvoll die Experimentatorin anblickend. 12.7.2022. Alle Fotos: Forschungsstation Haidlhof, Österreich.

BEZIEHUNGSRATGEBER CORVIDEN:

Einblicke ins Leben der sozialkompetenten schwarzen Vögel

Die Intelligenz von Rabenvögeln, auch als Corviden bezeichnet, ist seit vielen Jahren von wissenschaftlichem Interesse. Experimente, Dokumentationen, Artikel und Bücher zu kognitiven Leistungen summieren sich und dennoch kann man von diesen Vögeln weiterhin nicht genug lernen. Besonders die sozialen Kompetenzen und Beziehungsgefüge unter den Corviden standen eher im Schatten des Interesses. Aktuelle Forschungen zeigen jedoch interessante Ergebnisse. Als Doktorandin von Thomas Bugnyar an der Fakultät für Verhaltens- und Kognitionsbiologie der Universität Wien und frühere Corviden-Labmanagerin der Forschungsstation Haidlhof schaue mir das soziale Verhalten von Raben und Krähen genauer an und werfe dabei auch Licht auf die Beziehungen und Partnerschaften der dunkelgefiederten Gesellen, aus denen man doch so manches lernen kann.

Text und Fotos von
Daria Nagel

Nichtbrütende Kolkraben in der großen mittleren Voliere der Forschungsstation Haidlhof beim Kennenlernen eines Brutpaares. 2.9.2021.

Verhaltensforschung hat spätestens seit Konrad Lorenz einen großen Stellenwert in der österreichischen Gesellschaft. Durch nahbare Tiergeschichten wurde die Wissenschaft zur Faszination für die Allgemeinheit. Mit dieser Sonderstellung kann sich Österreich bis heute international sehen lassen und die vielen besonderen Forschungsinstitutionen liefern jährlich weitere wichtige publizierte Fortschritte. Der Unterschied ist, dass sich die Forschungsthemen und -tiere diversifiziert haben. Neben den bekannten Wölfen und Graugänsen sieht man nun auch Schweine, Papageien, Affen und eben auch die intelligenten Raben- und Krähenvögel (Corviden) im Fokus.

Wie wohl überall im deutschsprachigen Raum haben sowohl der Kolkrabe *Corvus corax* als auch die verbreiteten Raben- und Nebelkrähen *Corvus cornix/Corvus corone*, noch durchaus einen schlechten Ruf. Die Assoziation mit dem Tod ist hier genauso vorherrschend wie Geschichten über Rabeneltern. Ein Teil der Aufgabe von Corvidenforschenden ist deswegen auch oft das Nahbarmachen dieser eleganten Tiere und das Aufbrechen von hartnäckigen Vorurteilen.

Vogel ist nicht gleich Vogel

Corviden sind neben dem oben genannten schlechten Ruf heutzutage auch als sehr schlaue und anpassungsfähige Vögel bekannt. Forschungen zeigen zum Beispiel, dass Raben- und Krähenvögel verstehen, dass ihr eigenes Wissen nicht dem des Gegenübers gleicht. Diese Fähigkeit entwickeln Menschen selbst erst in den ersten Lebensjahren. Die Vögel bilden Verstecke und suchen demnach sehr gezielt Orte, an denen die nicht so nahestehenden Artgenossen keine Einsicht haben, wenn sie Futter für später horten. Ebenso werden dabei oft viele verschiedene Löcher für die Nahrung gegraben, um andere von ihrer Fährte abzulenken. Des Weiteren haben Corviden die Kompetenz, von anderen zu lernen. So schauen sie sich Fertigkeiten von Artgenossen ab, was in den experimentellen Aufbau der Forschenden natürlich miteinberechnet werden muss und zeigt, dass jeder Vogel dabei seinen ganz eigenen Charakter besitzt.

Das Kolkrabenweibchen Astrid ist motivierter mit dem Experiment zu spielen, als daran zu partizipieren. 28.12.2020.

Ort zum Forschen – Haidlhof

Eine der großen wissenschaftlichen Einrichtungen der Verhaltens- und Kognitionsbiologieforschung in Österreich ist die Forschungsstation Haidlhof in Bad Vöslau in Niederösterreich unweit von Wien, welche in Kooperation von Universität Wien und der Veterinärmedizinischen Universität Wien betrieben wird. Hier werden sowohl Raben- und Krähenvögel als auch neuseeländische Bergpapageien, die Keas, angetroffen. Insgesamt sind 2024 hier vier Rabenbrutpaare, vier nicht-brütende Raben und vier Krähenpaare in Freiluftvolieren

Schneelandschaft auf der Forschungsstation Haidlhof und in einer Brutvoliere eines Kolkrabenpaares. Die Forschung findet bei jedem Wetter statt. oben: 3.12.2020, rechts: 14.1.2021.

beheimatet. Geforscht wird das ganze Jahr bei jedem Wetter und jeden ersten Freitag im Monat gibt es eine kostenfreie Führung.

Die Beteiligung der Vögel beruht bei allen Experimenten auf Freiwilligkeit, was im ersten Moment etwas seltsam anmuten mag. Jedoch ist es besonders in der Verhaltens- und Kognitionsbiologie wichtig, dass die Tiere möglichst natürliche Verhaltensweisen zeigen. Stress und Unwille würden hier also nur die Forschungsergebnisse verschlechtern. Die Vögel selbst sind jedoch meist sehr gewillt mitzumachen, denn Interesse besteht sowohl an einer kognitiven Herausforderung als auch an den wertvollen Belohnungen während und am Ende der Experimente. Auch rein beobachtend wird geforscht, um besonders den Grundzustand und die Beziehungen der Tiere besser zu verstehen.

Aufgeplustertes Rabenkrähenmännchen Walter. Die aufgestellten Kopffedern deuten auf einen emotional erregten Zustand hin. Bei Experimenten wird auf solche Gemütsänderungen geachtet. 19.3.2023.

Forschungsfrage soziale Kompetenz – Treue statt Betrug

Als langzeit-monogame Tiere sind Corviden stark von ihren Partnern abhängig. Territoriumsabgrenzung, Futtersuche und Aufzucht der Jungtiere wird hier gleichmäßig aufgeteilt. Überleben und Nachwuchs zu produzieren hängt also direkt mit der Partnerbindung dieser Vögel zusammen. Einige der derzeitigen Forschungsfragen beziehen sich nun genau auf diese Gefüge, bei denen noch einiges offen ist. Schon bei Dohlen wurde festgestellt, dass die Qualität der Partnerbindung stark zwischen Individuen schwanken kann. Jede Paarbindung beruht auf einem Für und Wieder in der Beziehung. Die Bindung kann durch positive Interaktionen bestärkt und durch negative geschwächt werden. So zeigen einige Individuen stark partnerschaftsförderliche Verhaltensweisen, wie das Putzen des anderen oder Teilen von Essen, während andere eher distanziert oder gar unkooperativ sind. Inwiefern sich dies auf den Alltag der Vögel auswirkt, kann in mehreren Teilen beantwortet werden.

Soziale Kompetenz ist ein Begriff, der die Fähigkeit beschreibt, solche Interaktionen zu nutzen. In der menschlichen Psychologie werden hier gerne Termini wie Durchsetzungsfähigkeit und Anpassungsfähigkeit genannt. Der Begriff wird also definiert als die Kompetenz, die eigenen Bedürfnisse und diejenigen der anderen durch Verarbeitung von sozialen Informationen in Einklang zu bringen und zu kooperieren oder zu führen. Wo die Psychologie jedoch uns Menschen hierzu bezüglich Einschätzungen zu sich und anderen befragen kann, ist das der Kognitionsbiologie verwehrt. Soziale Kompetenz wurde deswegen oft in Bezug auf das Verhältnis von Dominanz gegenüber Kooperation abhängig von sozialer Information betrachtet. Ein nicht weniger schwieriges Unterfangen angesichts der zahlreichen Tierarten einschließlich des Menschen. Kombiniert man diese zwei Ansätze nun, so wird versucht ein Gesamtbild tatsächlicher tierischer sozialer Kompetenz zu erahnen.

In Bezug auf die wichtige Paarbindung zeigen Corviden nun positive, auch affiliativ genannte, Verhaltensweisen gegenüber ihren Partnern. Dies stärkt die Qualität der Bindung. Sollten Partner für kurze Zeit getrennt werden, so entsteht ein zeitweiliges Vakuum im Aufrechterhalten des

Kolkrabenpaar Quito (rechts) und Matte (links) auf einem Ast in einer Freiluftvoliere. Auch dies kann ein Indikator für eine Paarbindung sein, denn nicht mit jedem teilt man sich gerne den Platz. 20.2.2023.

Kolkrabenmännchen Rocky wird mit seiner Partnerin langsam vom Schnee berieselt. Das brillante Schwarz kommt besonders auf weißem Untergrund zur Geltung. 8.1.2024.

Kolkrabenpaar Romi und Heinz beim Teilen von Futter. 19.1.2022.

Zusammenhalts. Sobald die Partner sich wiederfinden, müsste nun ein sozial kompetenter Vogel die Bindung sofort wieder stärken wollen. Vermehrtes Aufsuchen von Nähe, Putzen oder gar Halten des anderen wären klassische Anzeichen dafür.

Ein anderer Teilaspekt erforscht derzeit das Teilen von Futter verpartnerter Corviden. Sollten die Individuen soziale Kompetenz besitzen, so sollten sie während der Brutzeit auf die besonderen Bedürfnisse der Partner vermehrt achten. Zum Beispiel gibt es eine gewisse Zeit in der frühen Brutperiode, in der das Weibchen das Nest weniger verlässt als das Männchen. Sozial intelligent müsste das Männchen in diesem Fall nun bereiter sein, sein Futter mit seiner Partnerin zu teilen oder zumindest es in Sehweite zu verstecken. Auf der anderen Seite spricht gegen ein wenig Konkurrenz außerhalb der Brutsaison nichts gegen eine gute Paarbindung, wenn beide den gleichen Zugang zum Futter besitzen. Verhaltensänderungen anhand der Umstände könnten hierbei also Aufschluss über die Ausprägung dieser Kompetenz geben.

Schließlich kommt die Frage jedoch auch wieder zurück auf das Maß der Kooperation. Wie bei menschlichen Partnerschaften sieht kooperatives Verhalten oft sehr unterschiedlich aus. Es gibt Paare, welche gleich-

Kolkrabenpaar Joey (rechts) und Rocky (links) auf den Futterboxen. Hier hat das Paar jeweils alleine die Boxen geöffnet. 22.12.2022.

Neugieriges Raben- und Nebelkrähenpaar Peppi (links) und Saul (rechts) auf ihrem Futtertisch. 17.1.2023.

Auch Rabenkrähenjungtiere sind interessiert an der Forschung. Während der Datenaufnahme wurde die Kamera genauestens beobachtet. 14.6.2022.

mäßig zusammenarbeiten, jedem einen Teil überlassen oder Probleme anhand der individuellen Stärken verteilen. Bei Corviden wird nun etwas Ähnliches erwartet. Abhängig von Persönlichkeitsmerkmalen, wie dem Ausmaß an Kühnheit, der mechanischen Geschicklichkeit oder der Problemlösekompetenz, könnten Raben- und Krähenpaare sich stark in den Herangehensweisen unterscheiden. Aus diesem Grund wurden diese Charakteristika im Vorhinein untersucht, um schließlich die reine soziale Kompetenz im Zusammenarbeiten der Tiere von den persönlichen Eigenarten zu trennen. Tatsächlich hat sich in den ersten Ergebnissen bewahrheitet, dass sowohl Kolkraben als auch Raben- und Nebenkrähen in ihren etablierten Paaren ganz unterschiedlich mit präsentierten Problemen umgehen. So wurden manche dabei beobachtet, wie sie an verschlossene Futterboxen zuerst allein herantreten, aber sich auch gemeinsam an die Öffnungsmechanismen machten. Eine Situation blieb jedoch stets bestehen: Ist ein Vogel mit einer konkurrenzsteigernden Situation für sich individuell konfrontiert, in der es limitierte Belohnungen in den Boxen gab, kam es zu keinen Konflikten. Die Kooperation und das damit verbundene Aufrechterhalten der guten Paarbindung war den Vögeln wichtiger als zusätzliche schmackhafte Nahrung.

Ausblick in die Zukunft

Der Vergleich zu menschlichen Beziehungen schleicht sich hier schnell ein. Die Vögel werden allzu leicht personifiziert und über die Forschungsjahre charakterisiert. Einfache Beobachtungen werden bei den Tieren schnell zu liebevollen Anekdoten. Auch aus diesem Grund ist eine fundierte und diskutierte Methode in der Verhaltens- und Kognitionsforschung unumgänglich. Geschichten lassen die Gesellschaft in Kontakt mit der Forschung treten, so müssen Forschende sich von den Geschichten über ihre Daten trennen, um wissenschaftlich qualitativ zu arbeiten. Bestehen bleibt aber, dass Corviden in ihrer faszinierenden Welt ein komplexes Sozialsystem besitzen, welches noch lange nicht endgültig erforscht ist. Denn das Schönste an der Arbeit ist: Je mehr man weiß, desto mehr Fragen tauchen auf und nähren das Bedürfnis, Kognitives und damit Unsichtbares zu verstehen. ❖

Daria Nagel beschäftigt sich schon seit ihrer Bachelorarbeit mit der Kognition von Kolkraben und Krähen. Durch ihr PhD-Projekt vertieft sie ihr Wissen nun noch weiter, lehrt an einer höheren berufsbildenden Schule in Wien und beteiligt sich aktiv am Projekt BaF - Biodiversität am Friedhof.

Ein ebenso kurzweiliger wie lehrreicher Streifzug durch die bunte und geheimnisvolle Welt der Vögel!

„Elstern sind diebisch, Kormorane dezimieren Fischbestände und Schwalben sind Wetterfrösche!"

Mit solchen und zahlreichen weiteren Irrtümern, die sich in der wechselvollen Beziehung zwischen Mensch und Vogel eingeschlichen haben, räumt Einhard Bezzel gründlich auf.
Dabei leuchtet der Verfasser, einer der großen Ornithologen unserer Zeit, in alle Winkel der vielfältigen Berührungspunkte mit unseren gefiederten Nachbarn, wertet akribisch Überlieferungen und Literatur aus und geht schließlich auch auf aktuelle Erkenntnisse der Vogelforschung ein. Hierbei erfahren die Leser nicht nur Verblüffendes und Bemerkenswertes, sondern unternehmen zusammen mit dem Verfasser einen ebenso kurzweiligen wie lehrreichen Streifzug durch die bunte und immer noch geheimnisvolle Welt der Vögel.
Einhard Bezzel gelingt es mit diesem verständlich geschriebenen und äußerst lesenswerten Buch auch „heiße Eisen" kritisch anzufassen, neue Sichtweisen zu eröffnen und Vorurteile abzubauen, ohne dabei aus den Augen zu verlieren, dass es am Ende immer nur darum gehen kann, die Vielfalt unserer Vogelwelt für kommende Generationen zu retten!

Einhard Bezzel
55 Irrtümer über Vögel
304 S., 14 s/w.-Abb., geb., 14,8 x 21 cm
ISBN 978-3-494-01764-8
Best.-Nr.: 97-6202661

€ 19,95

Preisstand 2024, zzgl. Versandkosten.

Bestellen Sie bitte bei:
Humanitas Bücher · Freizeit · Lebensart Versand

Industriepark 3 • D-56291 Wiebelsheim
Tel.: 06766/903-200 (zum Ortstarif) • Fax: -320
E-Mail: service@humanitas-versand.de
www.humanitas-versand.de

Die Dohle als unser kleinster schwarzer Rabenvogel trägt den Duft in ihren Federn. Dieser Vogel weist ein Merkmal der Halsbanddohle auf: *Corvus monedula soemmerringii.* Spiekeroog, 14.10.2015.

VERSTÄNDIGUNG ODER ABWEHR?

Der Duft der Rabenvögel

Unter dem Geäst der großen Weide liegt Ende Mai eine frische schwarze Feder, gut 15 cm lang. Es handelt sich um die innerste Handschwinge, die erste, die ein Vogel am Beginn seiner jährlichen Vollmauser abwirft. Die Feder ist zu groß für eine Amsel, zu klein für eine Rabenkrähe. Aber als ich sie mir an die Nase halte, nehme ich den Federduft wahr. Ein Rabenvogel, schwarz, kleiner als die Krähen: Das muss eine Dohle sein. Sie rasten häufig in der Weide und brüten 300 m entfernt in der Kirche. Alle ihre Federn tragen den bezeichnenden Duft, wenigstens wenn sie frisch sind. Duft der Federn? Das ist ein Thema, über das wir nicht viel wissen.

Text und Fotos von
Hans-Heiner Bergmann

Die erste Mauserfeder einer Dohle ist die innerste Handschwinge: Hält man sie an die Nase, bekommt man den Duft geliefert. Bad Arolsen, 15.5.2024.

Ich habe schon seit langer Zeit Vogelfedern gesammelt. Die Federn werden einem gefundenen Flügel entnommen und der Reihe nach nebeneinander auf einem Karton oder einem Bogen Papier aufgeklebt. Das so erstellte Sammlungsstück wird dann noch mit einem Deckblatt versehen und am Klebrand mit den wichtigsten Daten beschriftet: Artennummer, Sammlungsnummer, Artname, Alter, Geschlecht des Vogels. Auf einem freien Feld der Unterlage werden noch weitere Angaben notiert, wie Funddaten, Maße, Größe von Hoden oder Ovar, Herkunft des Vogels, Verbleib weiterer Federn des Stückes und anderes mehr. Der fertige Beleg wird dann in die Sammlung eingereiht, das heißt zu den anderen Stücken der Art in einen Karton gelegt; dieser wird, unter Umständen noch in Klarsichthüllen oder Schubladen gesichert, in einem dicht schließenden Schrank aufbewahrt. In dem Schrank, wenn man ihn öffnet, riecht es nach Mottenabwehr. Das ist das Schlimmste, was der Sammlung passieren kann, wenn sich Schädlinge in dem Schrank einnisten und die wertvollen Federn befallen. Aber der Duft nach Insektenabwehr oder sonstigen Komponenten soll uns hier nicht interessieren. Federduft ist etwas Besonderes. Die Federn sind in gewissen Grenzen durch Deckblatt, Karton und gegebenenfalls Schublade sowie durch den Sammlungsschrank dauerhaft gegen eindringenden Fremdgeruch geschützt; durch diese Maßnahmen sollten sie aber auch Schutz gegen den Verlust des Eigengeruchs genießen.

Duft oder Geruch? Der Duft der Elster

Heute will ich Elsternfedern in Augenschein nehmen. Wie war das noch? Bei den Altvögeln haben die Handschwingen mehr Weiß als bei den Jungen im ersten vollständigen Federkleid. Das kann man im Vergleich von Einzelfedern aus dem Handflügel prüfen. Ich nehme einen Bogen mit den gut erhaltenen Federn eines Altvogels heraus. Als ich das Deckblatt aufklappe, sehe ich nicht nur das viele Weiß in den Schwingen des Altvogels, sondern mir steigt auch ein Duft in die Nase. Es ist nicht der Gestank eines verwesenden Vogels, es riecht auch nicht nach Klebstoff oder Mottengift. Es ist ein süßlicher, durchaus freundlicher Duft, der mir entgegenkommt. Man kann ihn als

Die Schwanzfedern einer jungen Elster duften schon, wenn sie noch nicht ganz ausgewachsen sind. Bad Arolsen, 4.6.2024.

Elstergefieder duftet kräftig, wenn es frisch ist. Nordzypern, 26.10.2013.

schwaches Parfüm auffassen. Er geht von den Federn aus. Löse ich eine Feder von dem Sammlungsblatt ab und halte sie dicht an die Nase, so nehme ich den Duft stärker wahr: an der Spule fast nichts, auch an den basalen Dunen wenig, an den Fahnen mehr. Man kann sich darüber streiten: Stinkt es oder duftet es oder riecht es? Duft ist leider – wie man sagt – Geschmackssache.

Die Rabenvogeldüfte sind schwer zu beschreiben, wie es oft mit Düften der Fall ist. Manche Menschen finden sie abstoßend und hässlich. Andere wiederum sind davon angezogen und riechen gern an einer schwarzen Feder. Sie beschreiben dann die Qualitäten, die sie wahrzunehmen glauben: Moschus, Fisch, Aas, Parfüm – weiß der Himmel, was noch alles. Den Duft mag jeder anders wahrnehmen und benennen. Ich finde ihn sowohl beim Altvogel als auch beim ausgewachsenen Jungvogel der Elster. Wann er beim Nestling beginnt, das wissen wir nicht. In meiner Sammlung gibt es Federn eines halberwachsenen Nestlings, mit langen Blutkielen versehen; sie bieten noch nicht den typischen Geruch.

Wenn die Alpendohlen aus der Nähe des Menschen abfliegen, wedeln sie einem mit ihren Flügeln Duft zu.
Untersberg bei Salzburg, 4.10.2009.

Der Duft: Wie lange hält er sich?

Wenn ein Rabenvogel an einem auf Distanz vorbeifliegt, gibt es keine Chance für uns Menschen, seinen Duft wahrzunehmen. Für die Vögel selbst sieht es vielleicht anders aus. Wenn sie dicht hintereinander fliegen, könnte der Nachfolger den Duft des voranfliegenden wahrnehmen. Wenn von zwei nebeneinanderstehenden Vögeln einer abfliegt, kann er mit seinen Flügeln dem anderen seinen Duft mit dem ersten Flügelschlag zuspielen. Das könnte man auch als Mensch bei einem abfliegenden zahmen Raben wahrnehmen. Aber sonst ist Duft in Raum und Zeit für unsere Wahrnehmung rasch verloren. Was zwischen den Partnern am Brutplatz ausgetauscht wird, oder gar bei körperlicher Nähe bei einer Paarung oder der gegenseitigen Gefiederpflege, das entzieht sich unserer Kenntnis.

Die oben beschriebene Federsammlung habe ich über Jahrzehnte zusammengetragen. Die frühesten Belegstücke darin gehen auf das Ende der 1950er-Jahre zurück. Ich muss also die wohlgeordneten Stücke von den Rabenvögeln durchmustern und feststellen, ob sich über eine Zeit von einem, zwei, drei Monaten, Jahren oder Jahrzehnten der Duft der Rabenvogelfedern noch erhalten hat. Vielleicht ist er nach kurzer Zeit in der Sammlung schon erloschen? Ich nehme mir zuerst die Dohlen vor. Diejenige, die zuletzt komplett in meine Sammlung gelangt ist, stammt aus dem Jahr 2017, ein eben ausgeflogener Jungvogel aus dem Juni vor sieben Jahren. Die fast ausgewachsenen Handschwingen und die Armschwingen weisen deutlichen Duft auf; die Steuerfedern, die noch nicht ganz fertig ausgewachsen sind, duften weniger. Aber immerhin: Über eine Größenordnung von sieben Jahren hat sich der Duft bei den größeren Federn in der Sammlung gehalten. Das will schon etwas heißen. Ich verfolge die Sammlungsstücke jetzt chronologisch rückwärts. Bei den einzelnen Mauserfedern aus der Bretagne, die vier Jahre älter sind, ist der Duft schwach, die Federn waren aber teilweise schon stark vom Wetter angegriffen, als ich sie fand. Ein frisches Weibchen aus dem Februar 2010 (mehr als ein Dutzend Jahre alt) duftet deutlich. Und so geht es weiter: eine Rupfung von 2008, ein Weibchen von 2007, Mauserfedern

Wenn die Rabenkrähen gegenseitige Gefiederpflege betreiben, kommt der Schnabel in Kontakt mit dem Partner. Sie könnten sich dabei auch gegenseitig riechen. Bad Arolsen, 13.12 2023.

von 2005, sogar ein Vogel von 1974, jetzt fünfzig Jahre alt, alle lassen noch den Duft erkennen. Selbst bei meinen ältesten Dohlenfedern aus der Sammlung, beschriftet mit dem Jahr 1957, aufgeklebt am 11. März 1962, ein nicht ausgewachsener Jungvogel, ist der Duft noch immer erkennbar, also nach mehr als sechzig Jahren. Ergebnis: Im gut gesicherten Zustand in der Sammlung kann sich der Duft lange halten. Die Duftquelle versiegt nicht so schnell.

Ähnliches gilt für die anderen Arten der Rabenvögel: Nebelkrähenfedern von einer Habichtrupfung vom Ladogasee aus Karelien und solche aus Kasachstan, vor Jahrzehnten frisch aufgesammelt, duften ebenso. Rabenkrähenfedern tun es ihnen gleich. Federn einer Saatkrähe aus dem kasachischen Tengizgebiet, vor genau zwanzig Jahren unter einem Strommast aufgelesen, verströmen auch heute noch einen schwachen, aber erkennbaren Duft. Der Kolkrabe war früher eine seltene Art in Mitteleuropa und seine Federn fielen nur nach „Mord und Totschlag“ in die Hände eines Sammlers. Mein frühester Kolkrabe ist 1965, also vor sechzig Jahren, in meine Sammlung gelangt. Er ist wahrscheinlich vergiftet worden. 2012 und 2018 kamen weitere hinzu. Alle haben noch Duft aufzuweisen. Entsprechendes gilt für Alpendohle und Alpenkrähe. Schließlich kommen wir zu den „bunten“ Rabenvögeln. Über die Federn der schwarz-weißen Elster ist schon oben berichtet worden. Die halb ausgewachsenen Schwingen eines Elsternnestlings lassen den Duft noch nicht erkennen, obwohl sie ganz frisch sind, von einer Rupfung aus dem Mai 2024. Aber die Federn eines etwas älteren, fast fertigen Jungvogels aus dem Juni 1963, also mehr als sechzig Jahre alt, strahlen noch heute deutlichen Rabenvogelduft aus.

Ein Paar Alpenkrähen, erkennbar am roten Schnabel. Sie halten paarweise zusammen.

La Palma, Kanarische Inseln, 28.2.2007.

Die Rupfungen und die sonstigen Federbelege vom Tannenhäher lassen immerhin einen schwachen Duft erkennen. Er riecht nicht so parfümiert wie bei den schwarzen Rabenvögeln. Eher denkt man an einen holzigen oder schwach harzigen Duft. Tannenhäher sind Bewohner von Nadelbäumen. Da würde es nicht wundern, wenn sie von dem Duft dieser Bäume etwas abbekommen. Auch der Eichelhäher bietet in der Federsammlung nicht viel an Duft, ganz gleich, ob die Federn erst ein paar Jahre alt sind oder schon mehr als sechzig Jahre in der Sammlung zugebracht haben (der älteste Beleg unter insgesamt 17 Stück ist 63 Jahre alt). Man kann allenfalls einen schwachen Duft wahrnehmen, der nur dann konzentrierter und süßlicher wirkt, wenn man mehrere Belege aufeinanderlegt und sie gemeinsam an die Nase führt. Der Federduft der Rabenvögel, der sich unter konservierenden Bedingungen viele Jahre lang an den Federn hält, kann nicht von Natur aus auf lange Dauer im Museum oder in einer Federsammlung angelegt sein. Eher dürfte er sich am lebenden Vogel rascher verflüchtigen, vor allem wenn er durch Gefiederpflege ständig erneuert wird. Die lange Lebensdauer des Duftes in der Sammlung dürfte ein unnatürliches, aber interessantes Kunstprodukt sein.

So nahe: Auf allernächste Entfernung kann man die Rabenkrähe riechen, wenn der Wind richtig steht.

Steinhude, 20.9.2009.

Artunterschiede?

Für mich duften alle schwarzen oder andersfarbigen Rabenvögel ähnlich, das heißt ununterscheidbar. Ich nehme zwar stärkeren oder schwächeren Duft wahr, könnte aber Qualitätsunterschiede zwischen den Arten nicht benennen. Vielleicht muss man da besonders geübt sein, wie beim Einschätzen von Duft- oder Geschmacksnoten eines Weines. Ich habe im Jahr 2000 bis 2003 an einem Gemeinschaftsschlafplatz der Elsterndohle am Baikal im Süden Sibiriens Mauserfedern der Vögel aufgesammelt: eine nahe verwandte Art derselben Gattung. Die Federn duften in meiner Sammlung heute immer noch deutlich, nach mehr als zwanzig Jahren. Ein Kollege, ausgewiesener Dohlenkenner, fand, dass diese Federn anders duften als diejenigen der von ihm in Süddeutschland betreuten Dohlen. Ich kann das nicht nachvollziehen, halte es aber für möglich. In diesem Gebiet wäre noch viel zu erkunden und, besser noch, zu messen. Der leichtere Zugang führt vielleicht über die im Öl der Bürzeldrüse gelösten Komponenten. Aber ob man die flüchtigen gasförmigen Düfte dabei erfasst?

Duft anderer Vögel

Federduft gibt es bei vielen Vögeln, besonders bei denjenigen, die auch über hoch entwickeltes Geruchsvermögen verfügen. Da kommen einem besonders einige Meeresvögel in den Sinn, vor allem die Röhrennasen wie Eissturmvogel, Wellenläufer und Sturmtaucher, aber ebenso Basstölpel, die mit den Sturmvögeln gar nichts zu tun haben. Auch das Gefieder eines Austernfischers, der am 1. Mai 2004 auf Texel (Niederlande) tot auf der Straße gefunden wurde, lässt im Februar 2024, also zwanzig Jahre später, den Federduft noch deutlich erkennen. Federduft ist vermutlich weiter verbreitet, als man sich ohne nähere Kenntnis vorstellt. Die schwierigere Suche könnte sich eher nach Vögeln richten, deren Federn überhaupt nicht duften. Am Boden brütende Vögel sollen ihren Federduft zur Brutzeit verringern, sodass sie für nasenorientierte Feinde weniger leicht wahrzunehmen sind. Rabenvögel haben das nicht nötig. Sie brüten in Bäumen, Felsen oder Gemäuer.

Wo in der Feder?

Ich habe den Eindruck, dass der Duft vor allem aus den Hand- und Armschwingen sowie den Steuerfedern hervorgeht, also offenbar aus den größeren Federn, weniger aus den zugehörigen Decken oder den kurzen Alulafedern. Die unterschiedlichen Duftintensitäten müsste man messen können. Dazu fehlt es an methodischen Möglichkeiten. Jetzt habe ich eine weitere relativ frisch eingesammelte Feder aus dem Garten in der Hand, auch dies eine innere Handschwinge. Sie hat ein paar Wochen neben meiner Haustür im Haus auf einem Tisch gelegen – nicht lange. Da ist der Duft noch ganz kräftig. Aber nicht überall an der Feder. Ich halte die Spule an meine Nase: nichts. Der untere Beginn der Fahnen: nichts. Im ersten Drittel von unten beginnt der Duft. Am stärksten ist er vor der Federspitze. Doch bin ich mir meiner Wahrnehmungen nicht sicher. Ich gehe jetzt sofort zum Brut- und Ruheplatz der Dohlen, um die neuesten Federn einzusammeln. Aber die Federn sind nicht so frisch, wie ich es mir gewünscht hätte. Sie haben schon einige Zeit auf der Straße gelegen, sind verregnet und etwas verschmutzt. Sie lassen keine differenzierte Untersuchung zu. Der Duft ist noch zu erkennen, aber kein Unterschied zwischen Basis und Spitze.

Der Duft steckt in jeder Feder. Wahrscheinlich gehört dieser Kolkrabe einer eigenen Art der Kanarischen Inseln an, die aber mit den kontinentalen Raben nahe verwandt ist. Foto: W. Engländer. Fuerteventura, 8.12.2016.

Duft: Ein Signal? An wen?

Bei den Farben und Mustern, den sichtbaren Gestaltmerkmalen, haben wir weniger Probleme. Viele von ihnen können als Signale gelten, die sich an Artgenossen richten. Gesicht, Kehle und Brust des Rotkehlchens im Alterskleid sind orangerot. Ein präpariertes Rotkehlchen, im Garten aufgestellt, lockt sofort den Revierinhaber herbei, der das Präparat gnadenlos angreift und mit dem Schnabel auf den vermeintlichen Rivalen einhackt, dass die Federn fliegen. Selbst ein roter Federbusch an einem Stück Draht löst die Aggression aus.

Zurück zu den Rabenvögeln. Warum sind eigentlich viele von ihnen rabenschwarz? Da scheint das Arterkennen nicht die erste Wahl zu sein. Schon deshalb, weil die Farbunterschiede zwischen Saatkrähe, Rabenkrähe, Dohle und Kolkrabe gar nicht existieren oder gering zu sein scheinen. Josef H. Reichholf hat eine andere Idee diskutiert. Er macht darauf aufmerksam, dass schwarze Vögel nicht gut schmecken. Sie werden oder wurden von uns Menschen weniger gern gegessen als bunte Vögel wie Fasane und Rebhühner, Amseln weniger gern als Wacholderdrosseln. Vielleicht ist schwarze Färbung eine Warntracht, die vor dem Verzehr warnt und die Vögel schützen soll? Davon profitiert die schwarz-weiße Elster allerdings nur zur Hälfte und der bunte Eichelhäher überhaupt nicht. Dennoch könnte sich auch der Duft der Rabenvögel gegen Feinde richten, die mit empfindlichen Nasen ausgestattet sind. Daraus könnten dann auch die schwarz-weißen und die bunten Rabenvögel Vorteile ziehen. Es würde für sie vielleicht schon nützlich sein, wenn sie alle über denselben Duft verfügen. Sie könnten sich gegenseitig in ihrer Abwehr stützen – mehr noch als bei den Farben.

Wie gut ist die Nase?

Wer über Duft verfügt, sollte ihn auch wahrnehmen können. Wie gut ist die Geruchswahrnehmung der Rabenvögel? Thomas Bugnyar (2024) schildert dazu einen Versuch, den er mit den Grünauer Raben in der Voliere durchgeführt hat. Er hat etwas anrüchiges Fleisch vorbereitet, eine Lieblingsspeise von Kolkraben. Er versteckte es stückweise im Bodenbelag der Voliere. Hatten die Raben ihm dabei aus der Nachbarschaft zusehen dürfen, so gingen sie schnurstracks zu den Verstecken, wenn sie in die Voliere gelassen wurden, und entnahmen den Leckerbissen. Hatten sie nicht gesehen, wo das Versteck angelegt worden war, so waren sie zwar hoch motiviert, danach zu suchen, fanden aber nichts oder nur durch Zufall. Sie konnten sich nach dem Geruch nicht orientieren. Zumindest haben sie es in der beschriebenen Situation nicht getan.

Gegenteiliges berichtet Tim Birkhead in seinem Buch über „Bird Sense – What Its Like to Be a Bird“ (Deutscher Titel: „Die Sinne der Vögel – oder Wie es ist, ein Vogel zu sein“). Er hat da eine alte englische Anekdote aus dem Mai 1871 ausgegraben: Als sich ein Leichenzug mit zwei an Diphtherie verstorbenen Kindern zum Friedhof bewegt, dauert es nicht lange, bis zwei Kolkraben über den Trauernden erscheinen und mitfliegen, sogar hin und wieder auf die Särge herabstoßen. Bei den beteiligten Personen gibt es keinen Zweifel, dass die Raben sich an dem Geruch der verwesenden Leichen orientieren. Hier handelt es sich darum, dass Raben als Aasfresser den aus verwesendem Gewebe aufsteigenden Duft wahrnehmen können. Das ist etwas anderes als den Duft aus eigenem Gefieder wahrzunehmen oder aus dem eines Artgenossen. Grundsätzlich aber keine Frage: Rabenvögel können sicherlich Gerüche wahrnehmen, wenn sie es auch nicht immer zeigen.

Der Eichelhäher ist der bunteste heimische Rabenvogel. Auch sein Gefieder duftet. Foto: S. Klaus. Jena, 3.2.2021.

Was wir wissen und was nicht

Eigentlich ist es doch jedermann klar: Über den Duft der Rabenvögel wissen wir herzlich wenig. Wir dürfen vermuten, dass er aus dem Sekret der Bürzeldrüse hervorgeht. Dieses Sekret enthält viele Bestandteile, die im Gefieder verteilt werden. Sie dienen vor allem der Pflege der Gefiederstruktur, aber auch der Abwehr von schädlichen und der Pflege von erwünschten Mikroorganismen. Es gibt sogar Vögel, deren Federn giftig sind. Bestimmte weitere Bestandteile des Sekrets können der Kommunikation unter Artgenossen, aber ebenso der Abwehr von Feinden dienen.

Wir wissen heutzutage mehr darüber, dass Vögel befähigt sind, Gerüche wahrzunehmen. Früher wurde das rundweg abgestritten oder nur einigen wenigen Vögeln wie dem Kiwi zugestanden, und vielleicht noch den stark riechenden Seevögeln aus der Gruppe der Röhrennasen. Heute kennen wir Daten zur Geruchswahrnehmung auch für Singvögel, sogar für deren eben aus dem Ei geschlüpfte Küken. Diese Fähigkeiten stimmen überein mit der Ausbildung des Riechhirns ganz vorn im Schädel des Vogels, direkt hinter dem Zugang der Riechnerven. Berühmt ist der amerikanische Truthahngeier, der verwesendes Fleisch rein nach dem Duft lokalisieren kann. Seit neuerer Zeit ist sogar etwas über die Genetik bekannt: Vögel verfügen über erstaunlich viele Gene, die die Geruchswahrnehmung steuern. Vögel, besonders Rabenvögel, können sicher mehr, als wir zu wissen glauben.

Eine Bilanz

Frische Federn der heimischen Rabenvögel tragen einen moschusartigen süßlichen Duft. Dieser hält sich in einer Federsammlung mindestens sechzig Jahre lang, wenn die Federn geschützt aufbewahrt werden. Er geht vor allem von großen, gut erhaltenen Federn aus. Er findet sich eher in den Fahnen als in der daunigen Basis oder in der Spule. Man kann davon ausgehen, dass der Duft mit dem Sekret der Bürzeldrüse bei der Gefiederpflege auf die Federn gelangt und ständig erneuert wird. Wenn die Federn dem Wetter oder anderen Außenfaktoren ausgesetzt sind, verliert sich der Duft. Mögliche Artunterschiede und Unterschiede in der Duftintensität bei den Rabenvögeln lassen sich bisher nur erahnen. Ob Rabenvögel den Duft ihrer eigenen Federn oder den ihrer Artgenossen wahrnehmen, ist unbekannt. Der Duft könnte der innerartlichen Verständigung, aber auch der Abwehr von Feinden dienen. ❖

Literatur zum Thema

Bergmann H-H 2022: Das will ich wissen – Wie funktioniert ein Vogel? Quelle & Meyer, Wiebelsheim.

Birkhead T 2012: Bird Sense: What It's Like to Be a Bird. Bloomsbury, London.

Grieves LA u.a. 2022: Olfactory camouflage and communication in birds. Biol. Reviews. DOI 10/1111/brv. 12837

Jenni L, R Winkler 2020: The Biology of Moult in Birds. Helm, London.

Reichholf J H 2009: Rabenschwarze Intelligenz. 6. Aufl., Herbig, München.

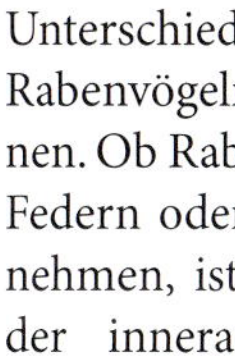

Prof. Dr. Hans-Heiner Bergmann hat sich in der Vergangenheit viel mit Vogelstimmen befasst, aber auch schon seit seiner Jugend Vogelfedern gesammelt. Dabei ist ihm mehr und mehr der Duft aufgefallen, der den Federn anhaften kann. Jeder, der eine Feder im Wald oder Garten aufhebt, sollte daran riechen. Eine andere Welt der Ornithologie, besonders bei den Rabenvögeln.

Tannenhäher mit Samen der Zirbelkiefer im Schnabel.
24.4.2017. Alle Fotos: Region Davos.

DAS UNZERTRENNLICHE PAAR:

Tannenhäher und Zirbelkiefer

Tannenhäher und Zirbelkiefer leben in einer engen Beziehung miteinander. Während der Rabenvogel als einziges Tier die Zapfen der Zirbelkiefer öffnen und die Samen herausklauben kann, ist die Zirbelkiefer darauf angewiesen, dass der Tannenhäher ihre Samen ausbreitet. Und das tut der Tannenhäher auch: Ein einziger Vogel kann schätzungsweise bis zu 100 000 Samen in nur wenigen Wochen der Samenreife, vorzugsweise im Boden, verstecken. Allerdings ist nicht immer alles so harmonisch, wie es auf den ersten Blick scheint. Denn der Vogel hat primär Interesse an seiner Nahrung und nicht unbedingt am Fortbestehen der Zirbelkiefer. Warum und wie das enge Zusammenleben der beiden Partner trotzdem funktioniert, untersuchen Forschende am Senckenberg Biodiversität und Klima Forschungszentrum in Frankfurt seit vielen Jahren in den Schweizer Alpen.

Text und Fotos von
Eike Lena Neuschulz

Der Tannenhäher *Nucifraga caryocatactes* lebt in enger Beziehung zu Bäumen, meist Nadelbäumen. Denn ebenso wie ein Eichhörnchen legt er für den Winter Vorräte mit Samen an, beispielsweise den Samen der Zirbelkiefer oder denen der Haselnuss. Nur eben, dass er sich im Gegensatz zu den Eichhörnchen seine Verstecke um einiges besser merken kann. Nahezu 80 % seiner Samendepots findet er wieder, sein ausgezeichnetes räumliches Gedächtnis täuscht ihn nur selten. Im Alpenraum ist die enge Bindung des Vogels an die Zirbelkiefer *Pinus cembra* besonders beachtlich. Tatsächlich ist der Tannenhäher das einzige Tier, das die dauerhaft geschlossenen Zapfen mit seinem Schnabel öffnen und die etwa erdnussgroßen Samen im Ganzen und intakt herausholen kann. Im Herbst, wenn die Zapfen reifen, erntet er sie und hackt sie mit seinem Schnabel auf, um an die begehrten Samen zu kommen. Damit die konischrunden Zapfen nicht wegrollen, werden sie oftmals in einer sogenannten „Zapfenschmiede“ eingeklemmt – in einer Astgabel oder auf einem Baumstumpf. Sobald er einige Samen in seinen Kropf aufgenommen hat, fliegt der Tannenhäher an geeignete Stellen, um seine Nahrung zu verstecken, und zwar meist im Boden. Ein einziger Tannenhäher versteckt innerhalb von nur wenigen Wochen schätzungsweise bis zu 100 000 Samen. Im Alpenraum ernährt sich der Tannenhäher den überwiegenden Teil des Jahres von den Samen der Zirbelkiefer. Wenn er früh im Jahr, noch mitten im alpinen Winter, seine Jungen aufzieht, füttert er sie ausschließlich mit Zirbelkiefersamen. Dazu muss er, je nach Höhe der Schneedecke, Tunnel in den Schnee graben, um an die Verstecke heranzukommen. Sein brillantes Gedächtnis täuscht ihn auch nicht, wenn die Landschaft unter der Schneedecke ganz anders aussieht, als zu der Zeit, in der er die Samenverstecke im Herbst angelegt hat. Landschaftsstrukturen und Landmarken helfen ihm bei der Orientierung. Eichhörnchen und Mäuse verzehren die Samen der Zirbelkiefer zwar ebenso gern, zählen aber eher zu den Samenprädatoren. Sie sind nur selten in der Lage, die Zapfen von den Bäumen zu ernten. Auf dem Boden liegende Zapfen werden zudem von den Nagern meist so angefressen, dass die Samen beschädigt und nicht mehr keimfähig sind.

Tannenhäher sind wahre Künstler im Ernten und Transportieren der großen Zapfen der Zirbelkiefer. Oft verstecken sie ganze Zapfen in dichter Vegetation, um sie für ein paar Tage zu sichern, denn das Herausklauben der Samen braucht Zeit. Nach nur wenigen Wochen im Herbst ist kaum noch ein Zapfen an den Kiefern zu entdecken. Foto: V. Graf. 10.8.2022.

Die geschlossenen Zapfen der Zirbelkiefer öffnen sich nicht von allein. Nur der Tannenhäher ist in der Lage, die Samen intakt aus dem Zapfen herauszuholen. 22.8.2013.

Eine Zapfenschmiede des Tannenhähers. Hier werden die Zapfen eingeklemmt, um die Samen besser herauszulösen. 21.8.2012.

Mitte bis Ende September fällt an der Baumgrenze der erste Schnee. Die Landschaftsstrukturen, die für den Tannenhäher so wichtig zum Wiederauffinden seiner Samenverstecke sind, sehen nun ganz anders aus. Dennoch ist die Trefferquote beim Auffinden der Verstecke hoch. Der Tannenhäher gräbt regelrecht Tunnel durch den Schnee, um seine Vorräte auszugraben. 15.2.2014.

▲ Die Zirbelkiefer mit ihrer charakteristischen „runden" Wuchsform bildet dort, wo sie in den Alpen vorkommt, die Baumgrenze. Kiefernwald am Flüelapass nahe Davos, Schweiz. 18.8.2013.

▶ Ein Samendepot, das vom Tannenhäher vergessen wurde. Viele kleine Zirbelkiefern wachsen an einem Fleck. 2.9.2012.

Die Zirbelkiefer – eine der Baumarten Europas mit dem kleinsten Verbreitungsgebiet

Wer sich in den Alpen mit dem Tannenhäher beschäftig, stößt ziemlich schnell auch auf die Zirbelkiefer. Die Zirbelkiefer, auch Arve (Schweiz) oder Zirbe (Österreich) genannt, gilt als Königin der Baumgrenze und ist gleichzeitig eine der Baumarten Europas mit dem kleinsten Verbreitungsgebiet. Als konkurrenzschwache Art gegenüber Fichte und Lärche wächst die Zirbelkiefer weit oben an der Baumgrenze in Höhenlagen von 1500 bis 2400 m. Die oftmals sehr knorrig und urig wirkenden Bäume wachsen in diesen Höhenlagen sehr langsam, können sich dafür aber auf unwirtlichem Untergrund etablieren. Frühestens mit etwa vierzig Jahren produzieren sie ihre eigenen Zapfen, die dann vom Tannenhäher geerntet und aufgehackt werden können. Obwohl viele ihrer Samen dann gefressen werden, gibt es doch einige wenige, die im Boden überdauern und zu Keimlingen heranwachsen. Sie wachsen dann meist in kleinen Büscheln, denn der Tannenhäher deponiert gerne mehrere Samen in seinen Verstecken. Den Zirbelkiefer-Keimlingen macht das wenig aus. Sie sind daran angepasst, nah zusammen zu keimen und können über sogenannte „Symphysen" zusammenwachsen, sodass manchmal mehrere Individuen für einen einzigen Baum gehalten werden.

Tannenhäher und Zirbelkiefer haben verschiedene Interessen

Seit über zehn Jahren untersuche ich mit meinem Team am Senckenberg Biodiversität und Klima Forschungszentrum Frankfurt in der Region Davos in der Schweiz das Zusammenleben zwischen Tannenhäher und Zirbelkiefer. Wir konnten zeigen, dass das Zusammenleben zwischen Tannenhäher und Zirbelkiefer gar nicht so harmonisch ist, wie es auf den ersten Blick erscheint. Und das liegt unter anderem daran, dass der Tannenhäher ein Interesse daran hat, dass seine Samen möglichst lange im Boden überdauern, bis er sie fressen kann. Er macht die Samen haltbar, indem er sie an dunklen und trockenen Orten versteckt, die für das Anwachsen der Keimlinge eher ungünstig sind – so, wie wir Menschen es auch mit Nahrungsvorräten tun würden. Für die Zirbelkiefer erscheint dies zunächst eher ungünstig. Ihre Keimlinge mögen es lieber feucht und benötigen Licht zum Wachsen. Für die Kiefer wäre es eigentlich von Vorteil, wenn ihr Samenausbreiter möglichst viele Samen an Orte bringen würde, wo neue Pflänzchen wachsen können. Andererseits erreichen Zirbelkiefern mit 500 bis 1000 Jahren ein stattliches Alter. Um eine stabile Population aufrechtzuerhalten bedarf es nur einen Keimling, der in dieser langen Zeitspanne zu einem neuen Baum heranwächst. Daher ist es für die Baumart scheinbar nicht nachteilig, wenn eine ganze Menge Samen vom Tannenhäher gefressen werden.

Weite Flüge zu den Nahrungsverstecken

Seit einigen Jahren untersucht unser Team zusammen mit Kollegen der Schweizerischen Vogelwarte auch gezielt die Sammelflüge der Tannenhäher. Wenn im Herbst die Zirbelkieferzapfen reifen, sieht man die Tannenhäher im Kiefernwald geschäftig hin- und herfliegen. Den Kropf oft voll mit bis zu 100 Samen, fliegen sie von den Zirbelkiefern zu den Orten, an denen sie ihre Samenverstecke anlegen. Genau in dieser Zeit statten wir Jahr für Jahr einige Tannenhäher mit circa 5 g leichten GPS-Sendern aus, die den Aufenthaltsort der Vögel im 15- bis 60-Minutentakt dokumentieren. Später werden die auf den Loggern gespeicherten Daten mithilfe einer VHF-Antenne wieder ausgelesen. Mittlerweile hat unser Team Daten von etwa 100 besenderten Tannenhähern gesammelt. Wir fanden heraus, dass jeder Vogel seine eigenen Verstecke in einem abgegrenzten Areal in der Größe von einigen Hektar anlegt. Einige Vögel verstecken die Samen direkt an Ort und Stelle, wo sie in den Kiefernwäldern gesammelt wurden. Andere fliegen Distanzen von bis zu 8 km, um ihre Samendepots zum Beispiel in Fichtenwäldern unterer Höhenlagen anzulegen. Über die Beweggründe zu diesen weit entfernten Verstecken weiß man noch nicht genau Bescheid. Möglicherweise können die Samen hier länger lagern und sind im Winter bei weniger Schnee leichter auszugraben. Außerdem liegen die Gebiete vielleicht näher am Brutgebiet der Vögel. Wir fanden auch heraus, dass Jungvögel während der Erntezeit der Zirbelkiefer generell weitere Distanzen zurücklegen als Altvögel und sich gegenüber den Altvögeln vermehrt in größeren Höhenlagen aufhalten. Einige Jungvögel zeigen weite, explorative Flugbewegungen, während andere das typische hin- und herpendeln zwischen Ernte- und Versteckort zeigen. Möglicherweise sind die Jungvögel noch nicht sehr trainiert im optimalen Anlegen der Samenverstecke und daher explorativer. Über die genauen Beweggründe kann hier bisher aber ebenfalls nur spekuliert werden. Dennoch zeigen die neusten Forschungsergebnisse deutlich, dass es sehr starke individuelle Unterschiede gibt zwischen den samenausbreitenden Tannenhähern. Für die Zirbelkiefer sind diese individuellen Unterschiede sicherlich von sehr großer Bedeutung: Manche Samen landen vielleicht an Orten, die für die Keimung und Etablierung eher ungünstig sind. Andere Samen hingegen verbleiben durch die starken individuellen Unterschiede im Versteckverhalten der Vögel aber an für den Baum günstigen Standorten.

Tannenhäher als Helfer im Klimawandel

In Zukunft wird der Klimawandel die Bedingungen an der Baumgrenze zunehmend verändern. Alpine Ökosysteme sind besonders sensibel gegenüber auch nur kleinen klimatischen Veränderungen. Viele Tiere und Pflanzen haben sich an die extremen Klimabedingungen speziell angepasst. Wenn nun die Zirbelkiefer, wie viele andere Pflanzen auch, ihr Verbreitungsgebiet durch das zunehmend mildere Klima in die Höhe verschiebt, braucht sie dafür die Hilfe des Tannenhähers. Während der Tannenhäher wegen seiner Mobilität flexibel ist, wächst die Zirbelkiefer äußerst langsam und kann möglicherweise nicht so schnell auf klimatische Veränderungen reagieren. Inwieweit sich der Klimawandel auf die enge Beziehung zwischen Vogel und Baum auswirkt, muss noch besser erforscht werden. Eines aber bleibt in den Alpen klar: ohne den Tannenhäher keine Zirbelkiefer – und ohne die Zirbelkiefer kein Tannenhäher. ❖

Literatur zum Thema

Graf V, Mueller T, Grüebler M U, Kormann U G, Albrecht J, Hertel A G, Sorensen M C, Tschumi M, Neuschulz E L 2024: Individual behavior shapes patterns of bird-mediated seed dispersal. Functional Ecology, 38:1032-1043.

Gugerli F, Brodbeck S, Bebi P, Bollmann K, Dauphin B, Gossner M, Krumm F, Peter M, Queloz V, Reiss G, Rellstab C, Stofer S, von Arx G, Wasem U, Zweifel R 2022: Die Arve – Portrait eines Gebirgswaldbaums. Merkblatt für die Praxis 72. https://doi.org/10.55419/wsl:31959

Neuschulz E L, Mueller T, Bollmann K, Gugerli F, Böhning-Gaese K 2015: Seed perishability determines the caching behavior of a food-hoarding bird. Journal of Animal Ecology 84:71-78.

Mattes H 1982: Die Lebensgemeinschaft von Tannenhäher und Arve. Berichte Eidgenössische Anstalt für das forstliche Versuchswesen 241: 1-74.

Sorensen M C, Mueller T, Donoso I, Graf V, Merges D, Vanoni M, Fiedler W, Neuschulz E L 2022: Scatter-hoarding birds disperse seeds to sites unfavorable for plant regeneration. Movement Ecology, 10:1-7.

PD Dr. Eike Lena Neuschulz, Senior Scientist am Senckenberg Biodiversität und Klimaforschungszentrum in Frankfurt am Main, erforscht die Wechselbeziehungen zwischen Pflanzen und Tieren. Seit vielen Jahren untersucht sie das Zusammenleben zwischen Tannenhäher und Zirbelkiefer.

Mithilfe von GPS-Sendern werden die Flugbewegungen von Tannenhähern aufgezeichnet, um das Samen-Versteckverhalten der Vögel besser zu untersuchen. Während manche Vögel bis zu 8 km zurücklegen, fliegen andere Vögel kurze Strecken, um ihre Samendepots anzulegen. Foto: V. Graf. 10.8.2022.

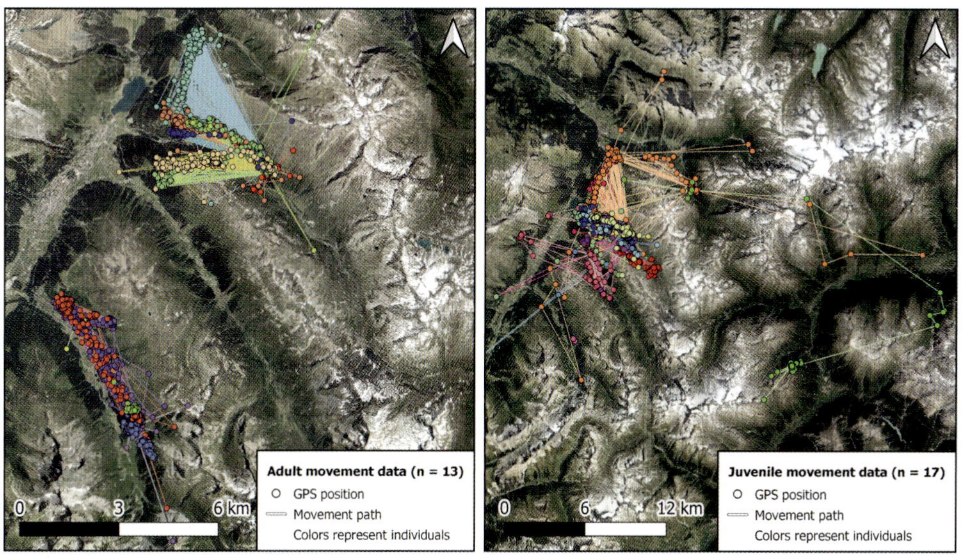

Karte der Bewegungsmuster basierend auf stündlich erhobenen GPS-Positionen von Jung- und Altvögeln in der Region Davos, Schweiz. Unterschiedliche Farben repräsentieren verschiedene Individuen.

Karte: Neuschulz et al. oder Graf. et al.

VERÖFFENTLICHUNGEN

Krähen – Die Natur beobachtet uns
Ein Film von Martin Schilt, erzählt von Elke Heidenreich
DVD, 100 Minuten, freigegeben ab 6 Jahren.
Deutschland, 2023.
Als DVD und Blu-ray erhältlich. Ca. EUR 15,00.

Der Macher dieses Filmes ist, so könnte man fast sagen, in Rabenvögel und ihre Leistungen vernarrt. In dem Film werden etliche Fähigkeiten von Rabenvögeln, meist nicht europäischer Arten, gezeigt. Einige Zuschauer haben sicher schon einmal etwas vom Werkzeuggebrauch der kalledonischen Geradschnabelkrähe, die mithilfe selbst hergestellter Angeln Käferlarven aus ihren Bohrlöchern zieht, gehört. Ausführlich wird dieses Verhalten in Freilandaufnahmen und die dazugehörenden Versuche in Gefangenschaft gezeigt. Mit der Amerikanerkrähe wird die Fabel von Aesop im Film beleuchtet. Auch Matthias Loretto, Autor des Artikels über Kolkraben und Wölfe in diesem Heft, berichtet über seine Studien. Der Nestbau der Dschungelkrähe aus Metallkleiderbügeln in Tokio wird ebenso gezeigt wie die Methode in dieser Millionenstadt 30 000 Dschungelkrähen mithilfe von Massenfallen zu fangen, um den Bestand zu reduzieren. Was mit den so gefangenen Vögeln geschehen ist, lässt Schilt offen. Etwas befremdlich wirken die Bilder der riesigen Müllhalden in Indien, auf denen Glanzkrähen und Hunde nach Fressbarem und Menschen nach Verwertbarem suchen. Leider ist dies die Realität in der modernen Welt. Kurz sind die weltberühmten Towerraben zu sehen und auch die beiden Raben von Odin bleiben nicht unerwähnt. Es ist ein Film, in dem biologische Anpassungen, wie der Verzicht auf eine Brut wegen Nahrungsmangel gekoppelt mit schlechten Wetterbedingungen, eher zu kurz kommen. Die Anpassungsfähigkeit der Rabenvögel an die jeweiligen Lebensbedingungen wird jedoch anschaulich dargestellt. Leider ist es auch in einem 100-Minuten-Film nicht möglich, die vielen angerissenen Themen tiefschürfend zu behandeln. Vielleicht wären ein paar Themen weniger besser gewesen. Auf jeden Fall ist es ein Film, der die Rabenvögel – und nicht nur die der Krähen, wie der Titel sagt – in einem positiven Licht zeigt. *(fü)*

Impressum

Der Falke – Journal für Vogelbeobachter
ISSN 0323-357X, Erscheinungsweise: monatlich
Gedruckt auf chlorfrei gebleichtem Papier

Internet: www.falke-journal.de

Verlag:
AULA-Verlag GmbH
Industriepark 3
56291 Wiebelsheim

Registergericht: Amtsgericht Koblenz HRB 5770
Geschäftsführer: Gerhard Stahl, Marcus Läkemäker

Chefredaktion:
Dr. Wolfgang Fiedler (verantwortlich; wf),
E-Mail: fiedler@ab.mpg.de

Verlagsredaktion:
Dominique Conrad, Redaktionsbüro, Tel.: 06766/903-236;
Fax: 06766/903-320; E-Mail: conrad@aula-verlag.de
Fabian Kaschinski, E-Mail: kaschinski@limpert.de

Fachredaktion:
T. Brandt (tb), Jonas Brüggeshemke (jb), H.-J. Fünfstück (fü),
J. Hering (jh), T. Korschefsky (kor), Dr. H. Stickroth (hs)

Gestaltung/Satz: AULA-Verlag:
Dominique Conrad, Rolf Heisler

Vertrieb und Abonnementverwaltung:
Britta Fellenzer
Tel.: 06766/903-206, Fax: 06766/903-320
E-Mail: vertrieb@aula-verlag.de
AULA-Verlag GmbH • Industriepark 3 • 56291 Wiebelsheim

Pressevertrieb:
IPS Pressevertrieb GmbH,
Carl-Zeiss-Str. 5, 53340 Meckenheim

Wirtschaftlich Beteiligte:
Quelle & Meyer Verlag GmbH & Co.

Bankverbindung:
Wiesbadener Volksbank,
BIC: WIBADE5W, IBAN: DE38 5109 0000 0015 1999 11

Anzeigenverwaltung:
Kathrin Stein, Tel.: 0176 34502776
E-Mail: anzeigen@falke-journal.de
www.falke-journal.de/mediadaten
z. Zt. gilt Anzeigenpreisliste 2024
Bankverbindung: Wiesbadener Volksbank
BIC: WIBADE5W, IBAN: DE38 5109 0000 0015 1999 11

Druck: Strube Druck & Medien GmbH, Felsberg

Bezugsbedingungen:
Einzelheftpreis 6,95 €. Das Jahresabonnement für 12 Hefte ist im In- und Ausland für 65,00 € zzgl. Porto erhältlich. Für Schüler-/innen und Studenten/innen 48,75 € zzgl. Porto (Bescheinigung). In dem Preis ist der „FALKE-Wandplaner“ eingeschlossen. Die Mindestbestelldauer des Abonnements beträgt ein Jahr und verlängert sich automatisch, wenn nicht schriftlich gemäß der aktuellen gesetzlichen Regelung gekündigt wird. Bestellungen für Der Falke nehmen jede Buchhandlung und der Verlag entgegen.

Manuskripte:
Sollten Sie einen Beitrag oder eine Manuskriptidee für DER FALKE haben, senden Sie uns bitte zunächst eine etwa zehnzeilige Inhaltsangabe oder setzen Sie sich vorab mit der Redaktion oder Fachredaktion in Verbindung.

Namentlich gekennzeichnete Beiträge geben die Meinung und Daten der Autoren, nicht unbedingt der Redaktion wieder. Die Redaktion behält sich das Recht auf Kürzung und die journalistische Bearbeitung von Beiträgen vor. Zum Abdruck angenommene Arbeiten und Abbildungen gehen in das uneingeschränkte Nutzungsrecht – sowohl in gedruckter, als auch in elektronischer Form – des Verlages über, wenn nichts anderes schriftlich vereinbart wurde. Originaldias werden zurückgeschickt, Fotoabzüge, sonstige Abbildungen und Datenträger verbleiben im Verlag. Sind eingereichte Beiträge bereits in ähnlicher Form veröffentlicht oder bei anderen Zeitschriften eingereicht worden, so ist der Einsendung die Angabe über Zeitpunkt und Art der Veröffentlichung sowie das Einverständnis des erstveröffentlichenden Verlages beizufügen. Das gilt auch für Artikel, die bereits in einer anderen Sprache veröffentlicht wurden. Für unverlangt eingesandte Manuskripte wird keine Gewähr übernommen, die Annahme bleibt vorbehalten.

Die veröffentlichten Beiträge sind urheberrechtlich geschützt. Alle Rechte, auch das der Übersetzung in fremde Sprachen, sind vorbehalten. Eine Nachdruckgenehmigung muss schriftlich erteilt werden. Kein Teil dieser Zeitschrift darf ohne ausdrückliche schriftliche Genehmigung des Verlages digital oder analog vervielfältigt werden. Unsere detaillierten Bedingungen entnehmen Sie bitte den Manuskriptrichtlinien, die wir Ihnen auf Anfrage gerne zuschicken.

Wir verarbeiten Ihre personenbezogenen Daten unter Beachtung der Bestimmungen der EU-Datenschutz-Grundverordnung (DS-GVO), des Bundesdatenschutzgesetzes (BDSG) sowie aller weiteren maßgeblichen Gesetze. Grundlage für die Verarbeitung ist Art. 6 Abs. 1 DS-GVO. Unsere Datenschutzerklärung finden Sie unter www.aula-verlag.de/datenschutz.

Internetseiten der Fotografen in diesem Heft:

Hans-Joachim Fünfstück www.5erls-naturfotos.de
Mathias Putze www.birds-in-flight.net
Mathias Schäf www.living-nature.eu